Rainer Maschke

IT-Planung und Pflichtenheft

am Beispiel von Verbänden

und Organisationen der Wirtschaft

Leitfaden für Entscheider in Verbänden

und Organisationen der Wirtschaft mit Schwerpunkt Software

Herstellung und Verlag:
BoD - Books on Demand, Norderstedt
ISBN 978-3-7386-2043-6

Inhaltsverzeichnis

1. Gründe für die Erstellung eines Pflichtenheftes

Grundsätzlich passen sich Software und Hardware den individuellen Anforderungen der Organisation an und dies ständig im Laufe der Nutzungszeit. Selten richtet sich die Organisation nach der Software oder der Hardware.

In der Praxis haben sich unterschiedliche Gründe für das Erstellen eines Pflichtenheftes bei der Planung einer neuen IT-Architektur ergeben. Dies gilt auch für das Überprüfen der aktuellen IT-Landschaft. Bei beiden Vorhaben stellen sich Fragen nach Machbarkeit, Wirtschaftlichkeit und Zweckmäßigkeit. Ein Negativbeispiel, bewusst etwas überspitzt dargestellt, soll die Notwendigkeit eines Pflichtenheftes verdeutlichen.

Der Verband „Besiedlung des Mare Imbrium" wird durch seinen Geschäftsführer Neil Amstrong vertreten. In der Verbandsverwaltung nahe Cap Canaveral sind fünfzehn feste und drei freie Mitarbeiter beschäftigt. Der Verband betreut etwa zweitausend freiwillige Mitglieder und einhundertfünfzig Fördermitglieder. Die Hauptaufgabe des Verbandes ist es, eine dauerhafte Besiedlung im Mare Imbrium politisch, juristisch und praktisch vorzubereiten.

Aus den Reihen des Vorstandes wurde der Wunsch nach einer neuen IT-Architektur geäußert und die Geschäftsführung beauftragt Entscheidungsgrundlagen dafür herzustellen. Herr Amstrong betraute seine Mitarbeiterin Marlies Obama aus der Abteilung Politik und Öffentlichkeitsarbeit mit der Planung des neuen Vorhabens. Weder Herr Amstrong noch Frau Obama haben je ein derartiges Projekt vollzogen.

Frau Obama suchte im Internet nach Softwareanbietern. Dies waren Unternehmen, die auf Programmentwicklung für Telekomminikation, Grafik, Architektur, Buchhaltung und Adressenverwaltung spezialisiert waren. Auch ein Vorstandsmitglied konnte einen Beitrag leisten. Er empfahl ein Softwareunternehmen mit dem er schon länger zusammen arbeitet. Dieser Anbieter entwickelt Software für Lagerhaltung. Hier sollte jeder analytisch agierende Mensch schon ins Grübeln geraten.

Es wurden über vier Wochen hin Gespräche mit den Anbietern geführt. Frau Obama und Herr Amstrong stellten den Verband vor und erklärten in den Gesprächen den Soll-Zustand der neuen IT-Architektur. Einige Anbieter baten um schriftliche Unterlagen. Diese haben sie auch überreicht bekommen. Es waren Broschüren über den Verband, Pressemitteilungen und Einladungen zu Veranstaltungen. Die Eindrücke von den Anbietern hat Frau Obama schriftlich festgehalten um eine Präsentation für das Entscheidungs-Gremium, dem Vorstand, vorzubereiten. Es wurde eine Entscheidung für das Softwarehaus FISKUS GmbH getroffen, ein Unternehmen das sich auf die Erstellung von Buchhaltungssoftware spezialisiert hat.

Nach sechs Monaten Entwicklungs- und Testzeit wurde die neue Hardware und Software beim Verband installiert. Die Hardware machte keine Probleme, Internet, FAX und Drucker funktionierten einwandfrei. Microsoft Office arbeitete wie erwartet. Zentrale Dokumente wurden auf dem Server gespeichert, für jeden Mitarbeiter einsehbar. Die Altdatenübernahme funktionierte gut. Es folgte die Schulung im neu entwickelten bzw. angepassten Verwaltungsprogramm.

Mit wenigen Ausnahmen erkannte kein Mitarbeiter seine Aufgaben in der Verwaltungssoftware wieder. Man sollte berücksichtigen, dass neue Programme fast immer auf leichten bis mittleren Widerstand stoßen, weil der Anwender erst eine gewisse Zeit für die Akzeptanz benötigt. Im Fall unseres fiktiven Verbandes war es kein Problem von Akzeptanz, sondern von falsch verstandenen Anforderungen, die sich in der neuen Software widerspiegelten. Eine geforderte Nachbesserung war nur eingeschränkt möglich, weil das Entwicklungsinstrument (Programmiersprache, Datenbank) nicht mehr gepflegt wurde. Einige Beispiele der Kommunikation zwischen Verband und Software-Entwickler:

> „Die Beiträge werden völlig anders ermittelt, das habe ich ihnen gesagt.“
>
> „Die Rundschreiben sollen per Email oder FAX, je nach Wunsch des Mitgliedes versandt werden, das liegt doch auf der Hand.“
>
> „Wenn wir zu Veranstaltungen einladen, sollen auch Rechnungen und nicht nur Teilnehmerlisten erstellt werden.“
>
> „Wo ist die Aufstellung der Beiträge pro Mitglied?“
>
> „Wir haben schon drei Viertel an sie bezahlt, ohne eine brauchbare Gegenleistung.“
>
> „Als wir sie fragten, welcher Mitarbeiter von uns die Software erstellen soll, haben sie sich für den neuen jungen Uniabsolvent entschieden. Der ist zwar preiswerter, hat aber noch nicht viel Erfahrung.“
>
> „An Informationen haben sie uns nur ihre Satzung und Broschüren zur Verfügung gestellt.“

Das gesamte Vorhaben eskalierte, der Vorstand hat sich eingeschaltet und Herrn Amstrong trotz großer Verdienste früher als geplant in den Ruhestand geschickt. Das gesamte Vorhaben wurde nochmal mit einem neuen Anbieter und einem neuen Geschäftsführer vollzogen. Die Rückforderung der bereits geleisteten Zahlungen blieb trotz gerichtlicher Bemühung erfolglos. Was ist falsch gemacht worden?

Weder Herr Amstrong, noch Frau Obama, noch der Vorstand hatten nur annähernd ein Gespür oder Erfahrung für das Begleiten dieses neuen Projektes.

Von keiner Seite wurde auf ein gemeinsames Papier gedrungen, das für beide Seiten verständlich und bindend sein sollte.

Der verantwortliche Programmierer hatte zu wenig Erfahrung um das Projekt zum Erfolg zu führen.

Der Verband hat sich nicht für das Entwicklungsinstrument der Verwaltungssoftware interessiert, es hatte keine Zukunft.

Eine Kreditorenverwaltung, wie neu eingesetzt, ist keine Verbandsverwaltung.

Der neue Geschäftsführer Alan Shepard wurde vom Vorstand angewiesen, erst einen externen Berater zu konsultieren bzw. zu beauftragen und dann mit einer weiteren und neuen Softwarefindung zu beginnen. Dies führte dann zum Erfolg, obwohl das ursprünglich geplante Budget weit überschritten wurde.

Der Weg mit einer externen Beratung vereinfachte das Analysieren, Begleiten und Unterstützen bis zur Entscheidungsreife sehr und schaffte Transparenz. Die

Verfügbarkeit und die Kommunikation zwischen den Verbands-Mitarbeitern und dem Auftragnehmer hat das gesamte Vorhaben weiter abgesichert. Da die Erfahrungen in der Planung neuer IT-Architekturen bei „Verbänden und Organisationen der Wirtschaft“ sehr vielfältig sein können, stellte man die Planung und die Realisierung nun auf sichere Beine.

Dies war ein sicherlich etwas übertriebenes, aber durchaus realitätsnahes Beispiel. Der Autor hat im Laufe seiner Beratungs- und Entwicklungstätigkeit eine große Spannweite an Voraussetzungen für die Realisierung von Projekten kennengelernt. Dies reichte von völliger „Naivität“ und „Fehleinschätzung“ bis zur „Professionalität“.

Wenn im Folgenden von Verband gesprochen wird, so können dies auch Vereine, Körperschaften des öffentlichen Rechts, Genossenschaften und angegliederte Kapitalgesellschaften sein. Sinn macht die Erstellung eines Pflichtenheftes nur bei Verbänden ab einer gewissen Größenordnung. Ein Turnverein in einer zehntausend-Seelen-Gemeinde wäre damit sicher überfrachtet. Hier sind einfache Programme sicherlich besser platziert.

2. Überprüfung und Planung der IT

In Abständen von fünf bis zehn Jahren sollte sich in einer Verbandsorganisation immer wieder die Frage gestellt werden, ob die derzeitige IT-Architektur (Hardware und Software) für die Organisation ausreichend und vor allem verbesserbar ist, und dies immer unter Abwägung von Leistung und Kosten. Ein sehr oft schwieriges Vorhaben, zumal in kleinen und mittleren Verbänden etwa alle zehn

Jahre eine Entscheidung für eine neuen IT-Architektur gefällt wird. Hier fehlt dann immer der Faktor Erfahrung, um eine gesicherte Entscheidung zu treffen. Größere Verbände verfügen in den meisten Fällen über eine eigene IT-Abteilung, die den Entscheidungsprozess strukturiert vorantreibt. Aber auch hier trifft das Gleiche zu, dass diese Art des Entscheidungs-Prozesses ca. alle zehn Jahre ansteht. Es stellt sich daher sehr oft für Verbandsentscheider die Frage nach einer externen Beratung. Vorausgesetzt, dass der Berater über die erforderliche Kompetenz, Erfahrung und Einfühlungsvermögen verfügt, ist dieser Weg der sicherste. Dieser Einsatz ist aber mit zusätzlichen Beratungs-Kosten verbunden. Ob sich diese externe Unterstützung lohnt und sinnvoll ist, können nur die Entscheidungsträger im Verband erahnen.

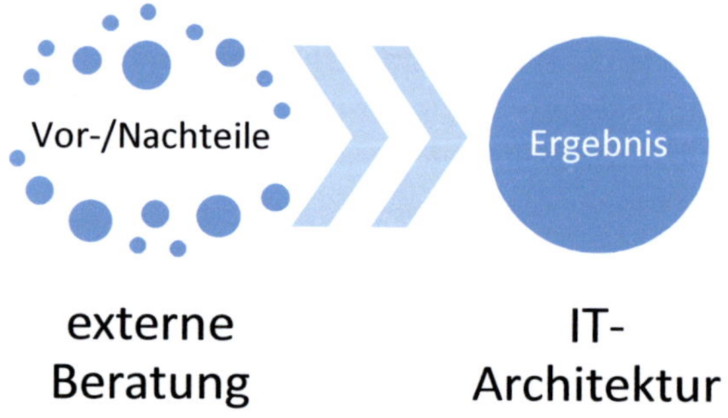

Durch eine Überprüfung des Status quo sollte zuerst die aktuellen Organisation schriftlich niedergelegt werden. Dies darf und sollte mit den Worten – in der Sprache – des

Verbandes erfolgen, wohlwissentlich, dass der Software-Anbieter einen anderen Wortschatz benutzt. Das Nichtverstehen von Verband und Software-Anbieter ist ein Problem, welches nicht unterschätzt werden sollte. Für das Erarbeiten des Papieres über die aktuelle Organisation ist das Zusammenspiel zwischen Geschäftsführung und den verantwortlichen Mitarbeitern von großer Bedeutung. Es kann durchaus ein Mitarbeiter mit der Erstellung beauftragt werden. Dieser sollte mit den entsprechenden Kollegen und der Geschäftsführung unbedingt seine Interviews führen. Das Ziel dieser Arbeit ist es, einen Prozentsatz zu ermitteln, der besagt:

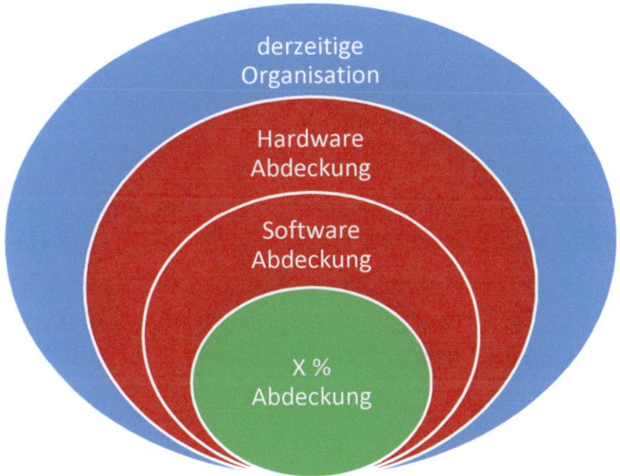

Unsere derzeitige IT-Architektur deckt X % unserer aktuellen Organisationsanforderung ab. Es stellt sich die theoretische Frage:

Praktisch und realistisch wäre die Frage

95 % wäre hier ein brauchbarer Wert, der aber von der jeweiligen Organisation und den damit verbundenen Arbeiten und der Datenhaltung bestimmt wird. Das Ermitteln und die Aussage-Qualität dieses Prozentsatzes hängen von vielen Faktoren ab. Hier einige Beispiele dafür:

- die Qualität der Mitarbeiter, ihre Aufgabengebiete zu strukturieren
- der Aufwand, an gesicherte Informationen zu gelangen
- die Gewichtung von einzelnen Organisationsfaktoren
- Bedarf

Wohlwissentlich, dass dieser Prozentsatz nur die Aussage einer Annäherung darstellt, so sollte er aber doch als Parameter für Entscheidungen dienen. Steht dieser Prozentsatz zur Verfügung, stellt sich die nächste Frage, die Frage nach dem Aufwand und dem Ertrag. Wenn dies auch Begriffe aus dem Rechnungswesen sind, so treffen sie hier genau den Punkt.

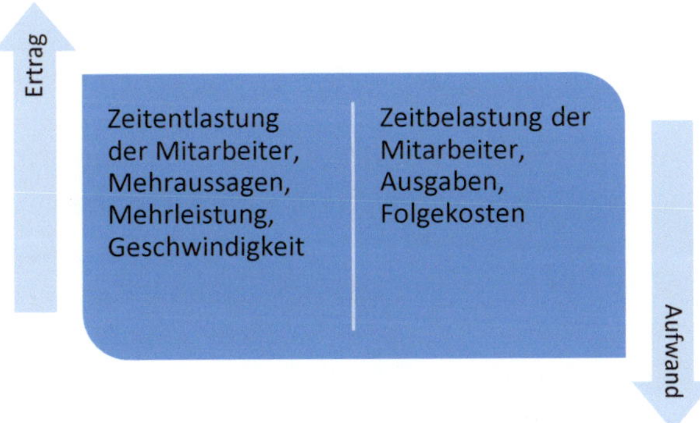

Lässt sich diese Waagschale über „für" und „wider" quantifizieren und gewichten, so nähert man sich den gesicherten Entscheidungsgrundlagen. Das gesamte Vorhaben zur Erlangung weitestgehend gesicherter Entscheidungsgrundlagen stehen und fallen u.a. mit der Konsequenz dieser Analysen. Man bedenke, dass es sich hierbei zunächst nur um die Überprüfung des Status quo handelt. Es steht also hinter dem Vorhaben kein direkter Zugzwang. Diese Prüfungen von Zeit zu Zeit anzustreben hängen u.a. vom Weitblick der Geschäftsführung oder des Vorstandes ab. Ein Beispiel soll dies besser verdeutlichen:

An ein bestehendes Haus wurde eine Terrasse angebaut und mit Fliesen belegt. Nach drei Monaten stellt sich heraus, dass das Fugenmaterial ungeeignet für diese Terrasse ist. Regenwasser drang durch das Fugenmaterial bis in die Betonplatte und es zeigten sich Wasserschäden. Die Garantie mal außer Acht gelassen, hätte die sofortige Reparatur 10.000,- € Kosten verursacht. Diese Reparatur wurde aber erst drei Jahre später vorgenommen, drei Jahre mit tiefen Wintertemperaturen. Die Schäden waren erheblich angewachsen. Die Reparatur nach diesen problematischen drei Jahren verursachte 30.000,- € Kosten.

Bei unserem Thema der sporadischen IT-Prüfung ist oberflächlich kein Schaden zu erkennen. Da aber Organisationen sich nicht statisch verhalten und das IT-Angebot sich in rasanter Geschwindigkeit verändert, kann bei Missachtung einer Prüfung versteckter Schaden entstehen. Verweigert man sich der Innovation, so kann das Hinauszögern von IT-bezogenen Entscheidungen ein Kumulieren von anstehenden Problemen verursachen.

3. Grundsätzliches zur Planung

3.1 Alternative: externer Berater

In einem ersten Planungs-Gespräch sollte gemeinsam mit den Mitarbeitern des Auftraggebers das grobe Ziel einer externen Beratung bzw. einzusetzenden Software festgelegt werden.

Der Weg einer externen Beratung wird das Analysieren, Beraten, Begleiten und Unterstützen bis zur Entscheidung für den Einsatz einer neuen IT-Architektur aufzeigen. Die Verfügbarkeit dafür relevanter Mitarbeiter ist Voraussetzung für Kommunikation und Informationsaustausch. Die Verbands-Erfahrungen sind sehr vielfältig. Auch in der Branche „Verbände und Organisationen der Wirtschaft“ gibt es gravierende Unterschiede, die durch Satzung, Vorstand, Geschäftsführung und Mitarbeiter, sowie der organisatorischen Lösung bestimmt werden.

Die externe Beratungstätigkeit sollt objektiv und losgelöst von anderen Interessenlagen praktiziert werden. Der zeitliche Aufwand und die damit verbundenen Kosten der Beratung lassen sich dann abschätzen, wenn durch Vorgespräche Rahmen und Inhalte festgelegt wurden. Der gesamte zeitliche Aufwand wird entscheidend auch von den Mitarbeitern des Auftraggebers und den Anbietern mitbestimmt. Die Stärke einer externen Beratung hängt im Wesentlichen von zwei Faktoren ab:

- Erfahrung und Know-How, welches sich der Berater in den unterschiedlichen Bereichen angeeignet hat und
- dem Format und der Fähigkeit des Beraters, sein Wissen zu vermitteln und in das Projekt zu integrieren.

3.2 IT-Beratung für Verbände

Wirtschaftlichkeitsanalysen

Erkennung von Schwachstellen und Problemen, Festlegung und Bewertung von Zielen und Aufgaben

Machbarkeitsstudien

Erarbeiten und bewerten von Kosten-/Nutzenanalysen, erarbeiten von Alternativen

Konzeptentwicklungen und Planungen

Erstellung von Handlungsvorschlägen, Gutachten und IT-Pflichtenheften

IT-, EDV-Revision

Überprüfung von Entscheidungen und IT-Architektur, Optimieren der IT/EDV als Service

3.3 Welche Planungs-Themen interessieren?

Geschäftsprozesse eines Verbandes
Vorgehensweise bis zum Einsatz
Pflichtenheft
Software
„Rapid Application Development“ Methode (RAD), Web,
Traditionelle Software versus RAD
Lebenslauf einer Software
IT-Beratung im Verbandswesen
Kosten
mögliche Planungs-Fehler

3.4 Geschäftsprozesse

- Mitgliederverwaltung
- Beitragsverwaltung
- Adressenverwaltung
- Kontaktverwaltung
- Veranstaltungsverwaltung
- Fakturierung
- Statistiken, Berichte
- Zertifizierungen
- Buchhaltung

3.5 Lösungswege

- Anforderungsanalyse
- Pflichtenhefterstellung
- Kostenanalyse
- Lösungsalternativen
- Datenmodellierung
- Auswertungsfestlegung
- Entwicklung, Internet/LAN

3.6 Grundsätzliche Themen zum Pflichtenheft

a) Verantwortungen und Arbeitsbereiche beschreiben.
b) Ausgangslage (Hardware, Software, Organisation)
c) Soll-Zustand
   I. Organisation
   II. Mitarbeiter und Zuständigkeiten
   III. Hardware (LAN, Web)
   IV. Software und Anforderungen (LAN, Web)
   V. Datenmodellierung, Verknüpfungen
   VI. Funktionalitäten, Plausibilitätsprüfungen

VII. Selektionen
VIII. Outputs (z.B. Druck, Email)
IX. Wichtigkeiten der einzelnen Anforderungen
X. Termine
XI. Kosten, einmalig, monatlich, sporadisch

d) Fazit

3.7 Welche Themen berühren eine Software?

- Pflege von Firmen und Personen
- eine Person mit beliebig vielen Firmen
- eine Person mit beliebig vielen Personen
- eine Firma mit beliebig vielen Personen
- eine Firma mit beliebig vielen Firmen
- frei gestaltbare Informationsblöcke
- freie Funktionshinterlegung
- Beitrags- und Mitgliederverwaltung
- Lastschriften
- Mahnungen
- offene Posten-Verwaltung
- Serien-Briefe, -Emails, -Faxe (MS-Office)
- Einzel: Brief, Email, Fax
- Korrespondenzverwaltung
- Internetzugang zur Mitgl.-Homepage
- runde Geburtstage, Jubiläen
- Statistiken
- Veranstaltungen, Seminare, Weiterbildung
- freie Selektionen
- freie Reports/Listen
- freie Schlüsselvergabe
- Individual-Module
- Adressen-Kopierfunktion

- freie Datenmodellierung
- freie Formular-Gestaltung
- Datenexporte
- Fakturierung

3.8 Beispiel einer Verbandsverwaltung

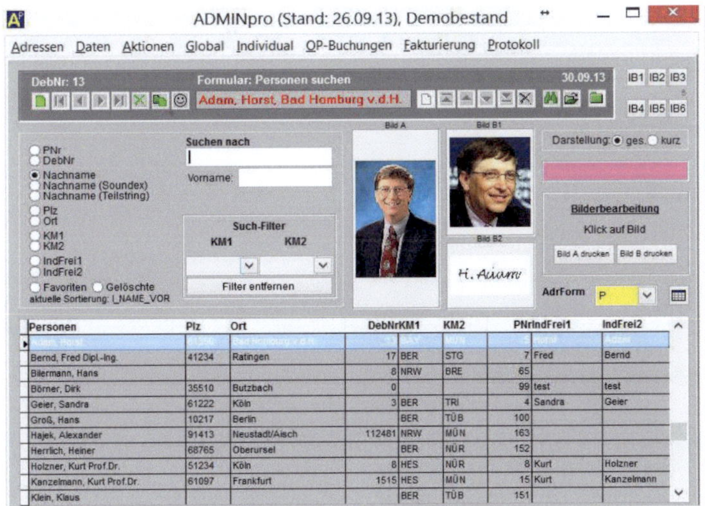

Eine Software sollte intuitiv bedient werden können. Dies reduziert die Einarbeitung und verringert Klärungsbedarf. Zu viel Information auf einer Seite ist genauso nachteilig wie zu wenig. Auf jeder dargestellten Seite sollten Datengruppen gebildet werden. Datengruppen werden von Aufgabengebiete vorgegeben. Dadurch ergeben sich Zugriffstrechte.

3.9 Daten-Beziehungen einer Software

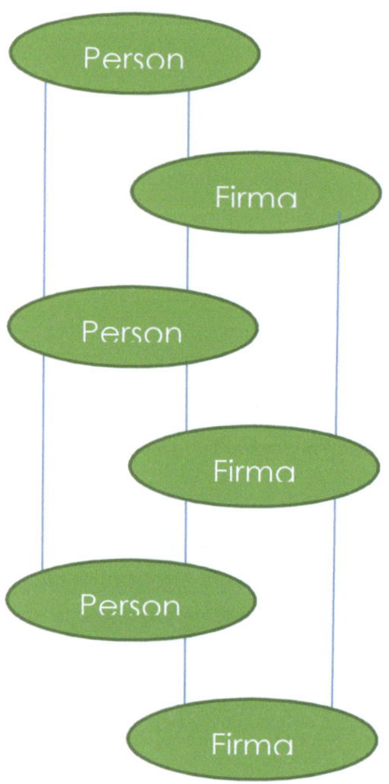

Nachdem Datenstrukturen aufgebaut wurden, wäre der nächste Schritt diese Strukturen in Beziehungen zu bringen. Das vereinfachte obige Beispiel zeigt Beziehungen zwischen Personen und Firmen. So können zu einer Firma viele Personen, aber auch zu einer Person viele Firmen zugeordnet werden. Ebenso lassen sich Firmen zu Firmen und Personen zu Personen in Beziehung bringen.

Beispiele: einer Firma wurde mit 10 Mitarbeiter verknüpft, eine Person wurden mehreren Firmen (Vorstand in y, Parteivorsitzender in z, Aufsichtsrat in x, ...) zugeordnet.

3.10 Eine Teilnehmeranmeldung (im Internet)

Anmeldeformular
zu Testzwecken.

>> Anmeldeformular

Veranstaltungsart:	**Kongress**
Veranstaltungstitel:	**Test-Veranstaltung**
Ort und Datum:	**Bad Homburg/12.08.2005**
Uhrzeit:	**10:00 Uhr**
Preis:	**123,- EUR €**

Pflichtfelder sind mit einem Sternchen markiert. (*)

Firma: *

Strasse: *

PLZ: *

Ort: *

Anrede: Herr

Titel:

Nachname: *

Vorname: *

Funktion:

Telefon:

Fax:

E-Mail: *

Für Teilnehmer aus Mitgliedsunternehmen ist die Teilnehmergebühr durch den jährlichen Mitgliedsbeitrag des jeweiligen Unternehmens abgegolten.

Mitgliedsunternehmen
ja / nein

Teilnehmer aus Nichtmitgliedsunternehmen können nachfolgend eine von oben abweichende Rechnungsanschrift angeben.

Firma:

Strasse:

PLZ:

Ort:

Anmeldung abschicken

3.11 Eine Verbandsbuchhaltung (im Internet)

SA	KtoNr	KtoBez	SA k	SA B	UST-Proz	
A0	1000	Bank	A	B	0,00	zeige
A0	1030	GuV	A	B	0,00	zeige
A0	1050	VST	A	B	0,00	zeige
A0	9000	Sonstiges	A	B	0,00	zeige
A0	9999	Diff	A	B	0,00	zeige
E0	8000	Erlöse 0 %	E	G	0,00	zeige
E1	8007	Erlöse 7 %	E	G	7,00	zeige
E2	8019	Erlöse 19 %	E	G	19,00	zeige
E2	8020	Erlöse B 19%	E	G	19,00	zeige
K0	4000	Kosten 0 %	K	G	0,00	zeige
K1	4007	Kosten 7 %	K	G	7,00	zeige
K2	4019	Kosten 19 %	K	G	19,00	zeige
P0	1020	Passiva	P	B	0,00	zeige
P0	1040	MwSt	P	B	0,00	zeige
P1	9090	Passiv 2	P	B	0,00	zeige

Die heutigen Entwicklungsinstrumente geben dem Programmierer, auch wie hier im WEB, einen großen Spielraum der Entfaltung. Optisch, wie auch funktional lassen sich heute Lösungen entwickeln, die vor einigen Jahren noch nicht möglich waren.

3.12 Bewertungskriterien von Entwicklungstools

- Forum für Entwickler und Anwender
- Einstandskosten, laufende und sporadische Kosten
- Erlernbarkeit
- Änderbarkeit von laufenden Projekten
- Stabilität
- Zukunftsorientierung/WEB

- Gestaltungsmöglichkeiten

4. Warum RAD und TCO ROI verbessert

RAD (Rapid Applikation Development) ist eine schnelle und sichere Entwicklungsmethode für vorwiegend kommerzielle Software. Dies in Verbindung mit TCO (Total Cost of Ownership) „niedrigere Betriebskosten“ verbessert den ROI (return on investment) „steigende Gesamtkapitalrendite“. Weitere Gründe:

- schnellere Entwicklungszyklen
- Entwicklung ohne Code
- integrierte Entwicklungsumgebung
- geringerer Trainingsbedarf
- integrierte Datenbank, webbasierend
- externe Datenbank-Konnektoren
- plattformübergreifender Einsatz
- einfache Administration
- integrierte Wartungswerkzeuge

4.1 Traditionelle Entwicklung versus RAD

- Entwicklungszeit traditionell: 100 %
- Entwicklungszeit RAD: 40 %

Da sich RAD schneller und komfortabler in der Entwicklung darstellt, neigt aber der Anwender dazu, mehr Ansprüche als früher realisieren zu lassen.

4.2 Eine kleine Personenverwaltung

- mit VFP (Visual FoxPro von Microsoft) und
- mit FM (FileMaker von Apple)

Datenstruktur:

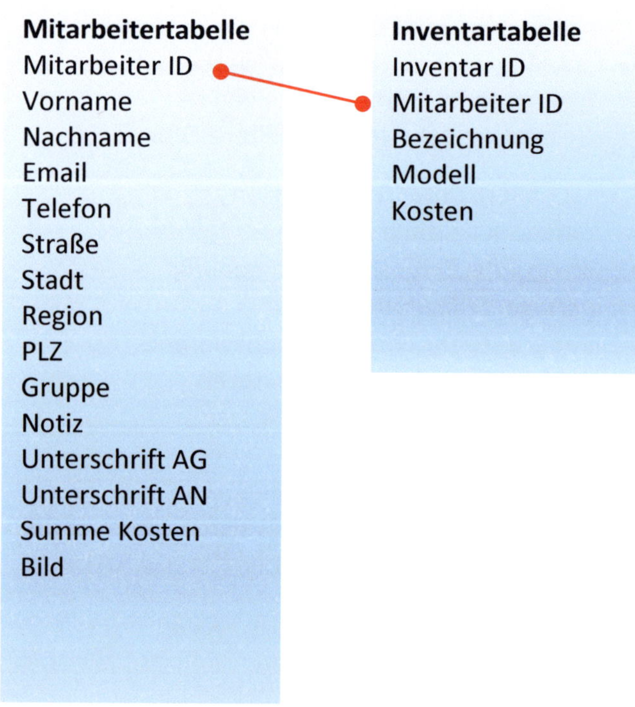

4.3 Traditionelle Software (VFP) versus RAD

Traditionelle Software (100 % Entwicklungszeit):

RAD (40 % Entwicklungszeit):

4.4 Beispiel: RAD auf iPHONE und iPAD

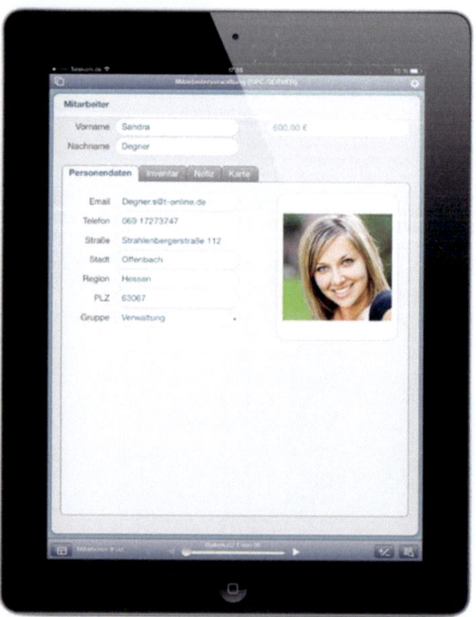

4.5 Lebenslauf einer Software:

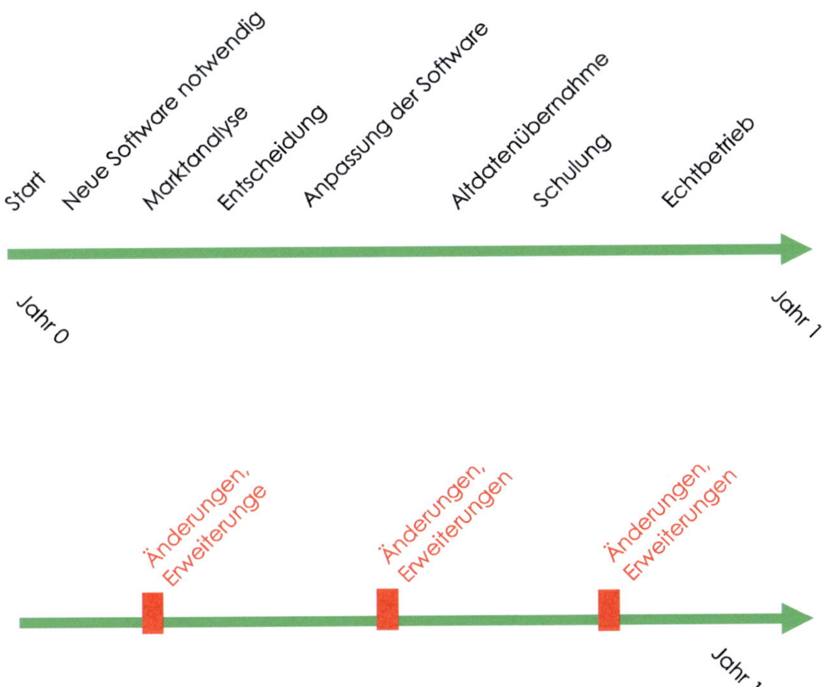

Jede Software unterliegt einem Zyklus und einem Alterungsprozess, der nicht Verschleiß gleich zu setzen ist. Vielmehr verändern sich die Organisation und die damit verbundenen Ansprüche an Programme. Der Wechsel muss mit Bedacht gewählt werden um langfristig seriöser Kostenberechnung gerecht zu werden.

Entscheidend für die Beurteilung einer Software ist neben der geforderten Funktionalität auch der Aufwand für spätere Änderungen und Erweiterungen. Der Aufwand wird vorwiegend durch die eingesetzten Entwicklungs-Tools bestimmt.

4.6 Planungs-Fehler

- falsche Ratgeber
- Ablehnung durch Mitarbeiter (Motivation)
- mangelnde Beurteilungsfähigkeit der Entscheider
- Mangel an relevanten Informationen
- Fehlen eines Pflichtenheftes
- Fehlen von Konzeption, Aufgabendefinition
- keine klare Vergabe von Kompetenzen
- falsche Budgetplanung, billig ist gut
- fehlende Kosten-Nutzen-Analyse
- ungenügende Einbindung aller beteiligten Stellen
- mangelnde Projektsteuerung
- fehlende Kommunikation

4.7 Tipps

- besser 95 % zügig planen, als erst in 10 Jahren ein Planungsziel von100 % erfüllen
- für lang und erfolgreich eingesetzte Software Zuständigkeiten bewahren
- Software ist ein Hilfsmittel der Organisation - dessen bewusst sein
- dem Mitarbeiter die Kompetenzen übertragen, die er erfüllen kann

5. Ist-Zustand

Mit der Beschreibung des Ist-Zustandes soll allen Beteiligten, insbesondere dem Anbieter, die Struktur und das Wesen des Verbandes erläutert werden. Hierzu gehören das Sichten und auch das Analysieren der aktuellen Software und Hardware. Ebenso hat die Beschreibung der Arbeitsabläufe für den Auftragnehmer weitreichende Bedeutung, die bei der Software-Bereitstellung sehr viel zum Verständnis beiträgt.

5.1 Vorstellung des Auftraggebers/Verbandes

Damit der Anbieter sich ein Bild vom Verband machen kann, das für die Angebotserstellung von Bedeutung ist, sollte der Verband mit seinen Aufgaben und seiner Mitgliederstruktur beschrieben werden. Neben der Verständnisvermittlung ergeben sich hier auch Aspekte, die im Pflichtenheft nicht formuliert wurden, aber eine praktische Bedeutung haben können.

5.2 Organisation, Abteilungen, Personal

Hierfür ist ein grafisches Organigramm hilfreich. Alle Abteilungen sollen mit Aufgaben und Personen beschrieben werden. Des Weiteren sind Abhängigkeiten und Beziehungen von großer Bedeutung. Neben den Hierarchien haben sich in der Beschreibung in Pflichtenheften auch Vertretungen und Sicherheitsebenen (z.B. die Buchhaltungsdaten dürfen nur von der

Buchhaltung eingesehen werden) von Vorteil gezeigt.

5.3 Hardware

In aller Regel ist das Thema der Hardware weniger von Bedeutung wie die Diskussion der Software. Es ist aber durchaus sinnvoll die Hardware-Struktur grafisch und verbal zu zeigen bzw. zu erläutern. Ebenso ist die Erläuterung der Verbindung nach „draußen“ und deren Sicherheitsmechanismen wichtig. Kapazitätsangaben dienen nur zur Orientierung, denn eine neue Hardware wird schneller und mit mehr Kapazität ausgestattet sein.

5.4 Software

Die Beschreibung der Software mit Beispielausdrucken und Funktionsdokumentation wird den größten Umfang im Pflichtenheft einnehmen, unter Soll-Zustand und Ist-Zustand. Mit diesen Informationen wird der Software-Entwickler seine Software bereitstellen. Hier sind alle dafür verantwortlichen Mitarbeiter gefragt. Jeder sollte zunächst mit seinen Worten den Aufgabenbereich und die Beziehungen/Austausch beschreiben. Gemeinsam wird dann von einem gesamtverantwortlichen Mitarbeiter, wir nennen ihn Koordinator, ein allgemein verständlicher Text verfasst.

5.5 Grund für eine neue IT-Architektur

Die Gründe für den Einsatz einer neuen oder die Überprüfung einer bestehenden IT-Architektur sind Zweckmäßigkeit und Wirtschaftlichkeit. In vielen Fällen wird gewechselt, weil man mit der moderneren Technik Schritt halten möchte. Andere Gründe sind die, dass die bestehende IT-Architektur, insbesondere die Software den organisatorischen Ansprüchen nicht mehr gerecht wird oder schon immer zu viel manuelle Nacharbeit gefordert hat. Ist die Software nicht mit den organisatorischen Veränderungen mitgewachsen, so gilt sie nach einigen Jahren schnell als veraltet.

6. Soll-Zustand

Das Ziel der Beschreibung des Soll-Zustandes ist die zukünftige Organisation auf dem Papier vorweg zu nehmen. Hat sich hier ein Fehler eingeschlichen oder eine Beschreibung ist schlichtweg falsch, so wird das Ergebnis, die zukünftige IT, diese Probleme beinhalten. Alle Beteiligten sollten mit ins Boot geholt werden. Denkbar ist auch, dass jeder Mitarbeiter neben seinen Anforderungen an das neue System Probleme des alten Systems und Wünsche beschreibt. Diese Informationen sollte dann der Koordinator in eine sachlich und optisch gleiche Form bringen – eine allgemeingültige Sprache. Der Koordinator ist von Beginn bis zur Einführung die Person, die alle Kontakte nach allen Seiten hält. Es macht keinen Sinn und es ist auch dem Erfolg abträglich, wenn jeder Mitarbeiter oft unstrukturiert seine Wünsche dem Software-Entwickler nennt. Durch die Funktion des Koordinators werden Sachverhalte erneut und aus einer anderen Perspektive betrachtet. Dies führt zu einer dann realistischen Betrachtung.

6.1 Organisation und Aufgaben

In aller Regel gibt die Organisation die zu lösenden Aufgaben einer Software vor. Die Software sollte die Organisation zu einem hohen Prozentsatz widerspiegeln. Hier sollte die zukünftige Organisation, Informationsfluss, Beziehungen, Arbeitsabläufe, Personal und Verantwortlichkeiten festgelegt und fixiert werden. In den meisten Fällen weicht die neue Organisation geringfügig von der alten Organisation ab.

6.2 Hardware

Hat man sich für eine neue Hardware entschieden, so müssen Arbeitsstationen, Server und alle anderen peripheren Geräte am besten grafisch dargestellt werden. Zugangscodes, IP´s und wichtige Daten der Hardware müssen an zentraler Stelle unter Verschluss gehalten werden. Hier ist die Position des Koordinators bzw. Administrators (IT-Verantwortlicher) wichtig.

6.3 Software 1

Wie bereits erwähnt, ist die Software der Faktor, der den IT-Erfolg im Wesentlichen sichert. Es greifen viele Programme in einander. So werden beispielsweise Beitragssollstellungen an die Buchhaltung übergeben, um sie dort für Kontoauszüge bereit zu stellen. Es sollte grundsätzlich zwischen Standardsoftware wie z.B. MS Office und Software unterschieden werden, die einen Anpassungsbedarf verlangt oder komplett neu entwickelt werden muss.

6.4 Outsourcing

Grundsätzlich besteht für einen Verband auch die Möglichkeit, die zentrale Datenverwaltung auf einen externen Server auszulagern. Dies hat den Vorteil, dass alle administrativen Arbeiten serverseitig vom Provider übernommen werden. Dies sollte wohl überlegt werden, da Datenleitungen oder Internet ein Mindestmaß an Stabilität aufweisen müssen.

6.5 Sicherheit

Das Thema Sicherheit ist sehr umfangreich und hat an Bedeutung zugenommen. Sicherlich ist es für einen kriminell orientierten Hacker interessanter und reizvoll sich im Bundeskanzleramt einzuhacken, als bei einem Verband mit tausend Personen-Mitgliedern. Alle Arbeitsstationen und/oder Server müssen mit Sicherheitssoftware ausgestattet werden, damit solche Angriffe erschwert werden. Oft ist es aber unmöglich, sich vor internen Angriffen oder Absaugen von Daten zu schützen.

In vielen Fällen wird vor dem internen Netzwerk eine Hardware-Firewall geschaltet. Hier sollten ausgiebige Gespräche mit „für und wider" im Hardware-Anbieterkreis diskutiert werden.

6.6 Budget

Verbände wirtschaften in Budgets oder Titeln. Für ein neues IT-Vorhaben sollte, wenn auch vor Angebotseinholung noch ungenau, ein Budget unterteilt in Untergruppen festgelegt werden. Da der Appetit beim Essen kommt, ergeben sich im Laufe der Entwicklung zusätzliche Wünsche. Diese bewirkten selten eine Budgetunterschreitung. Sicherlich ist hierbei der Austausch mit dem für Finanzen verantwortlichen Vorstand notwendig.

6.7 Organisation gibt die Software vor

In den meisten Fällen wird eine bestehende oder geänderte Organisation vorgestellt, die dann die notwendigen Aufgaben von der Software fordert. Software ist keine Organisation, sie unterstützt diese. Erst wenn diese Fakten feststehen, kann die Leistung der Hardware bestimmt werden.

6.8 Software 2

Die Korrektheit und Vollständigkeit der Leistungsbeschreibung der Software entscheidet über den Erfolg des neuen IT-Einsatzes. Diese Beschreibung wird den größten Raum im Pflichtenheft einnehmen.

6.9 Zukunftsträchtigkeit, Erweiterbarkeit

Es mag für den Auftraggeber zunächst keine Bedeutung haben, mit welchem Tool oder Entwicklungsinstrument seine einzusetzende Verwaltungs-Software erstellt wurde oder wird. Diesen Informationsmangel wird der Anwender sofort bereuen, wenn ein nach einem Jahr des Einsatzes keine oder nur noch eingeschränkte Änderungen oder Erweiterungen möglich sind. Nehmen wir an, dass ein Softwareentwickler ein Entwicklungsinstrument eingesetzt hat, bei dem die Weiterentwicklung und der Support eingestellt wurden. Dann wird dieser Entwickler, soweit er sich in der Entwicklung auf kein anderes Instrument eingestellt hat, unweigerlich Probleme mit seinen Anwendern bekommen. Er wird auf Dauer mit dem Trend neuer Techniken nicht mithalten können. Seine Anwender-Software wird alt und älter.

6.10 Software im Detail

a. Datenstrukturen und Beziehungen, Eingabe

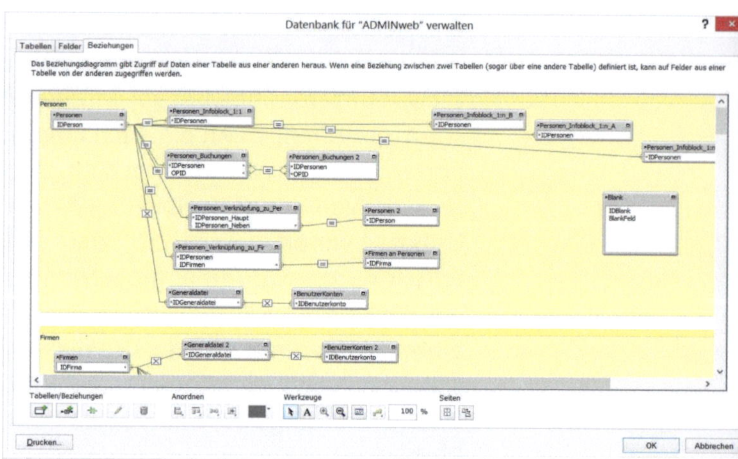

Hier sollen Tabellen mit den Datenfeldern, Beziehungen der Tabellen untereinander, Validierungen und Zugriffsmethoden beschrieben werden. Einfaches Beispiel:

Firmen-Mitglied	**Beziehung**	**Personen, viele pro Firma**	**Validierung (Prüfung)**
MitglNr	1 : n	MitglNr	
Zeile1		Geschlecht	M = männlich, W = weiblich
Zeile2		Vorname	
Straße		Nachname	
PLZ		Funktion	
Ort			

Es ist darauf zu achten, dass keine Daten doppelt gespeichert werden (Redundanz). Für die Eingabe (Masken, Formulare oder auch Layouts genannt) ist es zweckmäßig, Daten inhaltlich zu gruppieren. Ein zu voll gepackter Bildschirm trägt nicht zur Übersicht bei. Man sollte sich beim Aufbau der Eingabe-Masken Grundsätze der optischen Werbegestaltung zu Herzen nehmen. Nicht mehr als drei Schriften, bzw. Schriftgrößen, soweit möglich. Überprüfungen oder Validierungen sollten so früh wie möglich erfolgen. Am besten direkt bei der Eingabe. Da in mittleren komplexen Software-Systemen durchaus bis zu fünfzig Tabellen benötigt werden, sind hier im Vorfeld der Programmierung klar erkennbare Strukturen und Ordnungen erforderlich, denn auf diese Informationen stützt sich der Programmierer.

b. Zugriffsregelung

Nicht jeder Mitarbeiter darf Einsicht in alle Daten nehmen. Das Beitragswesen sorgt für die Berechnung der Beiträge, was sich mehr oder weniger komplex darstellen kann. Für die Berechnung sind Grundlagen, wie Umsatz, Absatz, Mitarbeiteranzahl, u.s.w. notwendig, um einen Beitrag zu ermitteln. Dieser kann weiter unterteilt werden in beispielsweise Grund-, variabler und Forschungs-Beitrag. Alle Berechnungen basieren auf der verbandseigenen Satzung. Pro Mitglied werden die Beitragsgrundlagen und die Beiträge gespeichert. So ist es denkbar, dass die Adressen der

Mitglieder von allen Mitarbeitern des Verbandes eingesehen werden können. Nur die Mitgliederverwaltung darf Änderungen vornehmen und die Buchhaltung trägt Sorge für Berechnungen. Die Beiträge dürfen nur von der Beitragsverwaltung eingesehen und geändert werden.

Zugriffsrechte sollten pro Datensatz und Datenfeld vergeben werden, dies betrifft schreiben, lesen und löschen.

c. Funktionen und Berechnungen, Abhängigkeiten

Alle Veränderungen und Berechnungen von Daten müssen exakt festgeschrieben werden. Eine Beitragsberechnung: Umsatz * 0,12 ist etwas anderes als Absatz * 0,12. Werden Begriffe, Bezeichnungen oder Grundlagen verwechselt, so wird es unweigerlich zu Fehlberechnungen nicht im Sinne des Verbandes kommen. Abhängigkeiten und Validierungen haben ähnliche Auswirkung.

d. Prüfungen (Validierungen)

Prüfungen und Validierungen sollten so früh wie möglich in den Eingabe- oder Import-Prozess integriert werden. Wobei die Fehlerhinweise bei manueller Eingabe sich relativ einfach zeigt im Vergleich zu fremden Daten, die importiert werden. Moderne Datenbanken haben in sich Validierungen integriert. Dies hat den Vorteil, dass einmal eine Prüfung/Validierung definiert werden muss. Alle möglichen Eingaben werden dann dieser Validierung unterzogen. Beispiel: Wenn Geschlecht nicht „W“ oder „M“, dann Fehlermeldung und Neueingabe. Diese Überprüfungen können sich aber auch sehr komplex darstellen. So können Abhängigkeiten in unterschiedlichen Tabellen zur Überprüfung herangezogen werden.

e. Output (Druck, Email, FAX, Telefon, ...)

Abhängig davon, wer welche Informationen benötigt, werden unterschiedliche Outputs erstellt. Informationen innerhalb des Verbandes werden gut mit Emails transportiert. Obwohl seit Jahren der Trend zum papierlosen Büro zu erkennen ist, werden Drucker nach wie vor ihre Daseinsberechtigung haben. Informationen mit Empfängern außerhalb des Verbandes können unterschiedlich versandt werden. Abhängig von den Wünschen des Mitgliedes oder des Empfängers sollte zunächst der Email-Versand angestrebt werden, denn er ist kostenlos. Wünscht der Empfänger dies nicht, so sollte die nächste Wahl das FAX sein und zum Schluss der Brief. Sicherlich ist dies nicht in allen Fällen zu realisieren. Kommunikationsstarke Verbände, die z.B. einen Beratungsservice den Mitgliedern anbieten, können Telefonanrufe von der Software erkennen lassen. Dies hat den Vorteil, dass alle relevanten Daten noch vor dem ersten Wortwechsel auf dem Bildschirm erscheinen.

f. Sicherheit

Das Thema Sicherheit betrifft die Software mit Zugriffsrechten, Sicherheits-Software und die Hardware mit beispielsweise Firewalls und Virenscannern. Bei Verbänden ist Software im Einsatz, die nur ein vertrauenswürdiger Mitarbeiter bedienen darf. Das bedeutet, kein anderer hat die Möglichkeit diese Software aufzurufen, geschweige denn Dateien dieser Software zu kopieren. Liegt diese Forderung vor, so ist dies mit dem Softwareanbieter zu besprechen und die Methoden festzulegen.

g. Schnittstellen

Im erweiterten Sinne sind Schnittstellen Outputs in Form von Exporten und auch Inputs in Form von Importen. Während der Verband Einfluss auf den Inhalt des Exportes hat, so ist dies beim Import nicht der Fall. Sind Import-Daten innerhalb des Verbandes standardisiert, so ist dies weitestgehend unkritisch. Bei Einmalimporten liegt das Gefahrenpotential erheblich höher. Schnittstellen werden für die unterschiedlichsten Aufgaben erstellt. Dies kann für Buchhaltung, Werbemaßnahmen, Statistik, und vieles mehr benötigt werden. Wichtig ist, dass Schnittstellen eindeutig definiert werden, dies bezieht sich beispielsweise auf: Dateiformat, Dateifelder mit Inhaltsbeschreibung, Turnus, u.s.w.

h. Schulung

Es hat sich gezeigt, dass ein erheblicher zeitlicher Aufwand der Schulung in die Entwicklungs- und Einführungsphase gelegt werden kann. Wird die Position des Koordinators installiert, so kann dieser einen großen Teil des Wissenstransfers für die Mitarbeiter des Verbandes übernehmen. Die vorbereitenden Organisationsgespräche in der Entwicklungsphase tragen dazu bei, dass Informationen für den Anwender schon frühzeitig übermittelt werden. Je nachdem wie die Organisation aufgestellt ist, kann die Hauptschulung in Etappen erfolgen. Da nicht alle Mitarbeiter mehrere Tage durch eine Schulung abwesend sein können, ist es sinnvoll, die Schulung in Gruppen zu unterteilen.

i.Altdatenübernahme

Die Altdatenübernahme ist ein einmaliger Vorgang, vor dem Echteinsatz der neuen Software und stellt zunächst die bisherigen Daten im neuen System dar. Oft wird die Möglichkeit genutzt, um Datenbereinigungen vorzunehmen. Um diese Datenübernahme, man könnte es auch als den Erstimport nennen, vorzunehmen ist die Kenntnis des alten, bisherigen Programm-Systems notwendig. Die Datenübernahme ist ein Programm oder Modul, das auf die alten Daten zugreift und diese in das neue System einstellt. Oft wird hierzu der Betreuer der alten Software um Informationen gebeten. Dies bedeutet für den

Verband, die Kündigung mit dem alten Anbieter taktisch klug anzulegen.

j. Test

Während Herr Amstrong, als er noch nicht Geschäftsführer unseres Verbandes war, noch einer anderen Tätigkeit nachging, bestand seine Aufgabe darin nicht nur ein Fahrzeug zum Mond zu führen um dort spazieren zu gehen, nein er musste tausende von Test über sich ergehen lassen und selbst Tests durchführen. Im anderen Fall gebe es heute keinen Spaziergang auf dem Mond. Tests bedeuten Fehler, die unweigerlich entstehen, zu korrigieren.

Fehler in einer Verbandsorganisation können Wirkung nach außen haben. Mitglieder und noch schlimmer die Medien können durch die Intensität und Häufigkeit der Nachfragen sehr zu einer Belastung werden.

6.11 Hardware

Wie schon erwähnt, gibt die Software Kapazität und Leistung der Hardware vor. Auf Grund von Rahmendaten wird ein Hardwareanbieter hier der Aufgabe entsprechend Vorschläge unterbreiten.

a. Arbeitsstationen (PC, apple, ...)

Wenn die Arbeitsstationen ausschließlich zu administrativen Zwecken genutzt werden, so sollte die Wahl auf schnelle Rechner mit guten Screens gelegt werden. Sobald Bildverarbeitung oder rechnerintensive Aufgaben gelöst werden sollen, ist der Leistungsanspruch an die Arbeitsstationen höher und ggf. spezieller. Ob die Entscheidung für PC oder Mac fällt, hängt oft vom Geschmack ab. Man sollte aber bedenken, dass PC´s weitaus mehr im Einsatz sind als Mac-Rechner. Der Mac-Rechner allerdings ist mehr für grafische Arbeiten geeignet.

b. Drucker

Heute sind einfache Drucker fast als Wegwerfware anzusehen. Reparaturen lohnen oft nicht. Die höheren Ansprüche gehen bis zu Kombigeräten, die doppelseitig drucken, scannen und binden können. Buntdrucker sind heute als Standard anzusehen.

c. Internetanschlüsse, WLAN

Bei normalem Gebrauch der Internetdienste steht die Auswahl zwischen den allseits bekannten Anbietern. Sobald aber die Internetverbindung als sehr stabile Verkabelung zwischen Arbeitsstation und entferntem Server dient, ist die Auswahl der Anbieter schon wesentlich geringer. Hier wird man sich für extra dafür vorgesehen Verkabelungen entscheiden unter der Berücksichtigung der Sicherheit. Die Nutzung des WLAN ist eine sehr elegante Methode mit anderen Rechnern oder Servern in

Kommunikation zu treten, es ist aber bei einfachen Access-Points oder Routern leicht zu lokalisieren und zu knacken.

d. Sicherheit

Eine Möglichkeit Hackerangriffe von außen abzuwehren sind Hardware-Firewalls, die völlig unabhängig von der restlichen Hardware zwischen Internetanschluss und Zentralserver geschaltet wird. Diese Sicherheitshardware wird seiner Bezeichnung hochgradig gerecht. Neben Hardware- und Software-Sicherungsmaßnahmen sollte auch die unerlaubte Zugriffsmöglichkeit von innen geregelt werden.

e. Telefon

In größeren Organisationen liegt es nahe, Telefonanlagen mit dem internen Netzwerk zu koppeln. Dies macht aber erst dann Sinn, wenn neben der Neuanschaffung einer IT-Struktur auch eine neue Telefonanlage installiert werden soll. Der Aufwand, ältere Telefonanlagen in ein neues Netz zu integrieren, ist oft sehr aufwendig oder nicht machbar. Soll Software mit der Telefonanlage gekoppelt werden um Anrufe einer Adresse zuzuordnen, muss das Telefon oder die Telefonanlage mit dieser Fähigkeit ausgestattet sein.

f. Server

Der zentrale Speicher in einem lokalen, aber auch weltweitem Netzwerk ist der Server. Man kann ihn auch als das Herz eines Netzes bezeichnen. Neben der zentralen Speicherung bietet der Server auch die Möglichkeit, dass unterschiedliche Anwender von ihren Arbeitsstationen auf den gleichen Datentopf zugreifen können. So kann die Straße „Zeil 23“ eines Mitgliedes erst von Herrn Astrong in „Zeil 230“ und kurze Zeit später von Frau Obama wieder in „Zeil 23“ geändert werden. Hier sieht man auch schon eine gewisse Problematik. Wer hat die falsche Änderung vollzogen? In vielen Fällen nicht mehr nachvollziehbar. Hier geht es nicht darum, einen Mitarbeiter zu verurteilen, sondern zukünftige Fehler dieser Art zu vermeiden und darüber zu reden. Komfortable, aber auch aufwendigere Software protokolliert wichtige Änderungen dieser Art.

g. Outsourcing

Unter Outsourcing wird das Auslagern von organisatorischen softwaretechnischen oder hardwaretechnischen Aufgaben gesehen. In einem lokalen Netzwerk wird in aller Regel der Server in einem speziell dafür vorgesehen Raum untergebracht. Der Server bedarf einer regelmäßigen Wartung, um den neusten Stand der Betriebs- und Sicherheits-Software zu halten. Das komplette Server-System kann aber auch ausgelagert werden. Dafür können Server angemietet werden, die dann die administrativen Wartungsarbeiten schon enthalten. Dies setzt aber voraus, dass eine stabile und schnelle Internetverbindung vorhanden ist. Unter Outsourcing in diesem administrativen Sinne kann auch beispielsweise das Auslagern der Buchhaltungsaufgaben gesehen werden.

h. individuelle Hardware, sonstige

Je nach technischem Anspruch kann bei Verbänden der Wunsch nach weiterer oder spezieller Hardware entstehen. Ein Beispiel ist die Zeiterfassung. Hier sollte der direkte Anschluss an das Netzwerk geplant werden. Denn nur so lassen sich Statistiken und Auswertungen problemlos realisieren und Zeiten in ein Personal-System exportieren.

7. Datenbanken der Zukunft, Wirtschaftlichkeit

7.1 Zusammenfassung

Unternehmen und Verbände stehen vielen finanziellen Herausforderungen gegenüber, vor allem dann, wenn es um die Entwicklung von IT-Anwendungen geht. Viele neue Technologien verringern jedoch die hierdurch entstehenden Kosten und beschleunigen die Anwendungsentwicklung. Dem RAD-Beispiel stehen andere Datenbanktools wie Oracle, Microsoft SQL-Server, MySQL oder Salesforce gegenüber.

Auch wenn dem einen oder anderen Leser die Verbindung mit IT-Projekten zu Return on Investment (ROI) und Total Cost of Ownership (TCO) als überflüssig und zusammenhanglos erscheint, so sind doch beide Faktoren hier die objektive Grundlage jeglicher Beurteilung.

7.1.1 Probleme der traditionellen Entwicklung

Viele Verbände/Unternehmen sehen bei der Anwendungsentwicklung deutliche Kostensenkungspotentiale. Der Grund hierfür sind häufig auftretende Kostenüberschreitungen und verspätete Bereitstellung bei vielen Entwicklungsprojekten. Diese Probleme entstehen durch Fehleinschätzungen beim Trainingsbedarf, bei der Prototyperstellung, sowie der Qualitätssicherung, die allesamt wesentliche Bestandteile der Anwendungsentwicklung sind. Designänderungen und zusätzliche Funktionsanforderungen steigern ebenfalls die Entwicklungskosten. Zusätzlich wirken sich die starr ausgelegten Spezifikations- und Entwicklungszyklen der traditionellen Entwicklungswerkzeuge negativ (aus heutiger Sicht) auf die Entwicklungskosten aus. Insgesamt gesehen beeinflusst dies wichtige wirtschaftliche Unternehmenskennzahlen, mit denen Projekterfolge gemessen werden. Die Folge sind eine geringere Gesamtkapitalrendite (Return on Investment, ROI) und höhere Betriebskosten (Total Cost of Ownership, TCO). Vermeiden lässt sich dies durch einen beschleunigten Entwicklungszyklus, einen reduzierten Aufwand und eine schnellere Implementierung von Projektmodifikationen, weil dann Entwickler neue Anwendungen effizienter erstellen, anpassen und übergeben.

7.1.2 Die Lösung mit Rapid Application Development

Unternehmen und Verbände benötigen heutzutage flexible IT-Lösungen, mit denen sie schnell auf Markt- oder Branchenänderungen reagieren. Mit Rapid Application Development-Werkzeugen (Tools) wie FileMaker erhalten Unternehmen und Verbände die notwendige Flexibilität für ihre Entwicklungsprojekte. Sie beschleunigen damit die Anwendungs- und Prototypen-Entwicklung, reduzieren den Trainingsbedarf und ändern Projektinhalte schneller. Dies bedeutet eine steigende Gesamtkapitalrendite (ROI) und niedrigere Betriebskosten (TCO). Zudem vereinfachen RAD-Werkzeuge Änderungen während der Entwicklung, wodurch sich die projektbezogenen Betriebskosten nochmals senken.

7.2 Versteckte Kosten traditioneller Tools

Im Laufe der letzten Jahre haben Hersteller ihre Werkzeuge für die Anwendungsentwicklung in immer kleinere Fragmente aufgesplittet. Entwickler müssen daher in der Regel sogenannte Produktsuiten wie Microsoft Visual Studio oder Oracle Developer Suite erwerben, die viele verschiedene Werkzeuge für die Codebearbeitung, als Compiler oder als Schnittstelle für die Datenanbindung enthalten. Oft fehlen in diesen Suiten weitere notwendige Entwicklungswerkzeuge, sodass der Kauf zusätzlicher, teurer Produkte von Drittanbietern erforderlich ist. Hierzu gehören Plug-ins, Debugger, Datenbank-Konnektoren, Compiler und viele weitere Werkzeuge, deren Erwerb die Projektkosten in die Höhe treibt. Ein Beispiel hierfür ist das Entwicklungs-Tool Salesforce Enterprice Edition. Selbst Open-Source-Lösungen wie MySQL kommen nicht ohne AD-ons aus, sodass dafür oft der Kauf teurer zusätzlicher Werkzeuge notwendig ist.

Zwar führen eine größere Produktauswahl und vielfältigere Optionen zu neuen Entwicklungsmöglichkeiten. Aber für IT-Abteilungen bedeutet dies in erster Linie einen erhöhten Trainingsbedarf, steigende Lizensierungskosten und einen höheren Integrationsaufwand. Diese Belastungen steigen oft exponentiell an und müssen gerade im Hinblick auf den Projekt-ROI gut begründet sein. Dennoch sind diese zusätzlichen Kosten nur ein kleiner Teil des Problems. Die für ein Projekt gewählten Entwicklungswerkzeuge wirken sich ebenfalls signifikant auf den Entwicklungsprozess aus. Traditionelle Entwicklungsverfahren nutzen ein sogenanntes „Phasen- oder Wasserfallmodell", um Anwendungen strukturiert und schrittweise zu entwickeln. Obwohl dies aus theoretischer Sicht positiv klingt, entstehen in der Praxis unveränderbare Schrittfolgen, die nicht strategisch ausgerichtet sind. Denn jeder Schritt benötigt Zeit und bindet Ressourcen, weil sich Entwickler nach getaner Arbeit beziehungsweise Umsetzung abmelden müssen und so immer wieder Stillstandzeiten entstehen. Dieses Vorgehen verzögert sich so lange, bis alle Spezifikationen codiert, getestet und implementiert sind, erst danach ist der nächste Entwicklungsschritt möglich. Die direkten Folgen davon sind oft zu spät fertiggestellte Projekte. Zudem dauern Entwicklungsprozesse in vielen Fällen so lange, dass sich die grundlegenden Unternehmensanforderungen bereits vor der Implementierung einer Lösung geändert haben. Obwohl die bei Transaktions- und Finanzsystemen möglicherweise zumutbar ist, ist für die Entwicklung einer Lösung für Arbeitsgruppen ein besserer Ansatz wünschenswert.

Generell gilt, dass traditionelle Werkzeuge und Methoden aus heutiger Sicht die Betriebskosten steigern und die Gesamtkapitalrendite verringern. Dies im Vergleich zu heutigen RAD-Methoden zu sehen. Grund dafür sind die ineffizienten Arbeitsweisen und Verfahren, sowie das unbefriedigende Prozessmanagement bei der Verwendung dieser Werkzeuge.

7.3 Mit RAD den TCO und ROI verbessern

RAD ändert mit neuen Werkzeugen und Prozessen die Anwendungsentwicklung grundlegend. FileMaker ersetzt die manuell durchführbaren Entwurfs- und Codier-Prozesse durch Automatismen für Design und Codierung. Die Vorteile dadurch sind kürzere Entwicklungszeiten und flexibleres Änderungsmanagement. Mit der Automatisierung entfällt die isolierte „Wasserfallmethodik“ (siehe WIKIPEDIA unter Wasserfallmodell), die Entwickler und Themenexperten voneinander trennt, wodurch die Entwicklung schneller und die Bereitstellung der fertigen Lösung früher geschieht. Die Entwicklung einer RAD-Datenbanklösung erfolgt mit dem sogenannten „Spiralmodell“ (siehe WIKIPEDIA unter Spiralmodell). Es ermöglicht mehrere Durchläufe und bezieht bereits während der Entwicklungsphase die Anwender mit ein. Typisch für ein solches Spiralmodell ist die Unterteilung eines Entwicklungsprojektes in mehrere, kleinere Abschnitte, die von Entwicklern gleichzeitig bearbeitet werden und die mehr voneinander unabhängige Zwischentests erlauben. Sind die einzelnen Entwicklungsschritte erfolgreich abgeschlossen, werden sie zur Gesamtlösung zusammengefügt. Diese Art der Entwicklung entspricht dem RAD-Ziel, die Entwicklungszeit zu reduzieren und die Flexibilität zu steigern.

7.4 RAD am Beispiel der FileMaker-Plattform

Die FileMaker-Plattform bietet Ihnen viele hilfreiche Werkzeuge, mit denen Sie schnell und einfach flexible Datenbanklösungen für WINDOWS- und Macintosh-Betriebssysteme, sowie für die Veröffentlichung im Web erstellen können. Zur Produktfamilie gehören FileMaker Pro, FileMaker Pro Advanced, FileMaker Server und FileMaker Server Advanced. Bei FileMaker Pro handelt es sich um eine vollständige Entwicklungs- und Implementierungsplattform, die keine weiteren Werkzeuge benötigt, um Datenbankanwendungen zu erstellen und umzusetzen. Viele Anwender entscheiden sich aufgrund der zusätzlichen integrierten Anpassungs- und Entwicklungswerkzeuge für den Einsatz von FileMaker Pro Advanced als Entwicklungsumgebung und Datenbanklösung. Die sichere gemeinsame Nutzung und die zentrale Verwaltung einer FileMaker Pro-Datenbank in einem Netzwerk erlaubt der FileMaker Server. Möchten Anwender eine Datenbank einer unbegrenzten Anwenderzahl in einem Netzwerk bereitstellen, ist FileMaker Server Advanced das dafür geeignete FileMaker-Produkt, das zudem den Datenaustausch mit anderen ODBC/JDBC-fähigen (siehe WIKIPEDIA unter ODBC) Anwendungen, sowie Datenbankveröffentlichungen im Web möglich macht.

7.4.1 FileMaker-Lösungen als Beispiel

- Ersatz für vorhandene Lösungen, die Tabellenkalkulationen verwenden oder als papiergebundenes System eingesetzt werden

- Datenaustausch in Verbindung mit organisationsweit eingesetzten Datenbanksystemen
- Datenanalyse und Berichterstellung
- Arbeitsprozessunterstützung in Abteilungen und Arbeitsgruppen

FileMaker-Datenbanken eignen sich besonders für Anwender ohne Programmierkenntnisse, die Daten erfassen, analysieren und verarbeiten möchten. Die mehrfach wegen ihrer Bedienerfreundlichkeit ausgezeichnete Anwendung FileMaker Pro enthält alle dafür erforderlichen Werkzeuge, mit denen Sie individuell angepasste Bedieneroberflächen für eine relationale Datenbankanwendung erstellen, die sich gleichermaßen mit WINDOWS- und Macintosh-Betriebssystemen einsetzen lassen. Diese funktionale Kombination in einem Produkt ist sehr effektiv und reduziert den Aufwand für die Datenerfassung und –Bearbeitung für alle Anwender spürbar.

Hier ein Vergleich	
Traditionelle Architektur	**FileMaker Architektur**
Benutzeroberfläche: HTML, JSP, ASP, VB oder VFP	Objektorientierte Benutzeroberfläche: FileMaker Pro
Anwendungsschnittstelle: C++, .NET, C##, J2EE/JAVA oder VFP	Anwendungsschnittstelle, Point and Click: FileMaker Pro
Daten: Oracle, MySQL, DB2 oder DBF	Daten: FileMaker Pro oder verbundene Oracle-, Microsoft SQL Server- oder MySQL-Datenquelle
Detaillierte Erläuterung unter WIKIPEDIA. Mit der integrierten FileMaker-Architektur modifizieren Entwickler Benutzeroberflächen, Anwendungsschnittstellen und Datenbankschemata schnell und einfach.	

7.5 RAD, schnelle Entwicklung

7.5.1 Schnelle Entwicklungszyklen

In einer Rapid Application Development-Umgebung entfallen lang andauernde Codierungs-, Kompilierungs- und Entwicklungsschritte, wodurch sich die Entwicklungszeit verkürzt. Mit dem Direktstart-Fenster bei FileMaker, integrierten Vorlagen und weiteren Werkzeugen entwickeln selbst Anwender ohne Datenbank- und Programmierkenntnisse Datenbankanwendungen.

7.5.2 Entwicklung ohne Code

Mit einer integrierten Entwicklungsumgebung (Integrated Design Environment, IDE) entfällt die manuelle Codierung; sie erstellt automatisch Scripts und Codeelemente für Programmierer. Mit Hilfe-Fenstern, Beispielen und Demos erledigen Anwender ihre Aufgaben produktiver.

7.5.3 Integrierte Entwicklungsumgebung

Sie vereint grafische Werkzeuge, Hilfssysteme und Anwendungen in einer zentralen Bedieneroberfläche und vereinfacht Design und Wartung einer Datenbanklösung. Entwickler benötigen keine zusätzlichen teuren Werkzeuge. Eine IDE stellt alle notwendigen Funktionen bereit, zudem erleichtert ein integriertes Hilfesystem mit Tipps und Tricks die Erstellung und Prüfung von Prototypen.

7.5.4 Geringer Trainingsbedarf

Viele Assistenten und grafische Entwicklungselemente erleichtern die Entwicklungsarbeit. Entwickler benötigen so weniger Zeit für Trainings und Einarbeitungen. Weil die Entwicklungsprozesse logisch abfolgen, kommen Entwickler auf Anhieb bestens mit den FileMaker-Pro-Funktionen zurecht. Zudem die in FileMaker Pro integrierten Beispielanwendungen nicht nur die Funktionen erläutern, sondern eine hervorragende Basis für den Aufbau eigener Datenbanklösungen sind.

7.5.5 Integrierte Datenbank

Entwickler nutzen eine FileMaker-Datenbank als Prototyp oder Ersatz eines teuren SQL-Datenbanksystems. Mit FileMaker Pro verwalten Sie Millionen Datensätze, setzen schnelle Indizierungen ein, analysieren und validieren mit den integrierten Werkzeugen Daten und erstellen relationale Zusammenhänge.

7.5.6 Externe Datenbank-Konnektoren

Für den Zugriff auf externe Datenquellen benötigen Entwickler keine zusätzlichen teuren Werkzeuge. FileMaker Pro tauscht Daten mit Datenbanksystemen wie den von Oracle, IBM und Microsoft aus. Mit FileMaker Pro entstehen Datenbanklösungen, die darüber hinaus verschiedene Datenquellen zu einer einzigen plattformübergreifenden Datenbanklösung zusammenfassen.

7.5.7 Plattformübergreifender Einsatz

FileMaker Pro unterstützt Computer mit WINDOWS- und Macintosh-Betriebssystemen.

7.5.8 Einfache Administration

Die in FileMaker Pro enthaltenen Assistenten und Werkzeuge vereinfachen die Datenbankverwaltung. Der häufig mit Datenbanksystemen wie Oracle sehr hohe manuelle Administrationsaufwand geht beim Einsatz von FileMaker Pro nahezu gegen null. FileMaker Pro-Datenbanken lassen sich aus der Ferne verwalten, Datensicherungen während des Betriebes an definierten Terminen ausführen und Verwaltungsaufgaben mit Scripts automatisieren.

7.5.9 Integrierte Wartungswerkzeuge

Für die Wartung, Überarbeitung und Verwaltung von FileMaker Pro-Datenbanken benötigen Anwender keine weiteren Werkzeuge, Zusatzprodukte oder Add-ons.

7.5.10 Webbasierende Anwendungen

Anwender veröffentlichen FileMaker Pro-Datenbanken im Web mit integrierten Technologien und Web-Server-Optionen. FileMaker Pro stellt Datenbanken im Web bis zu fünf gleichzeitig darauf zugreifenden Anwendern bereit, FileMaker Server Advanced erlaubt 100 Anwendungen gleichzeitig den Zugriff auf eine im Web veröffentlichte FileMaker Pro-Datenbank. Sowohl FileMaker Server als auch FileMaker Advanced unterstützen PHP. Da sich die

Lizenzmodelle bei FileMaker 2014 geändert haben, sollten hier die aktuellen Daten erfragt werden.

7.6 Betriebliche Vorteile von RAD/FileMaker

Für Unternehmen und Verbände, die mit FileMaker Pro und der „Spiralmethode" Datenbankanwendungen entwickeln, bieten sich viele Vorteile, die teilweise die traditionellen ROI- und TCO-Berechnungen weit übertreffen. Diese Organisationen, die sich für FileMaker entscheiden, profitieren von Entwicklern, die sich voll und ganz auf die abzubildenden Ablaufprozesse und die Datenerfassung konzentrieren können. Denn sie entwickeln schneller, weil die manuelle Codierung komplexer Vorgänge ersatzlos wegfällt und sie sich stattdessen auf die Anwendungsentwicklung konzentrieren können. So entstehen Datenbanklösungen, die Organisationsanforderungen komplett erfüllen und nicht durch die möglichen Codier-Verfahren in ihrer Funktionsfähigkeit eingeschränkt werden. Zudem sind mit FileMaker Pro gerade durch diese codefreie Entwicklung elementare Designänderungen leichter möglich. Mit grafischen Entwicklungswerkzeugen „zeichnen" Entwickler schnell und einfach Anwendungsfenster, die sie dann mit den erforderlichen Funktionen füllen und mit denen sie organisationsinterne Arbeitsprozesse digital abbilden. Als RAD-Anwendung verfügt FileMaker Pro über eine integrierte Entwicklungsumgebung mit Werkzeugen für die visuelle Entwicklung. Damit entstehen, Formulare, Menüs, Berichte, Tabellen und vieles mehr per Mausklick noch während der Anwendungsentwicklung.

Die schnelle Entwicklung und einfache Handhabung sind nur zwei RAD/FileMaker Pro Vorteile. Entwickler stellen sehr schnell fest, dass FileMaker Pro einen datengesteuerten

Entwicklungsansatz unterstützt – mit der Datenbankverwaltung und Rapid Application Development als einer Einheit und nicht als zwei getrennte Aufgabenbereiche. Damit legen Entwickler granulare Sicherheitsstufen bis auf Feldebene fest, indizieren Dateninhalte automatisch und sortieren Daten, ohne eine Zeile zusätzlich zu schreibenden Code oder Script. Zudem vereinfacht sich so der Administrationsaufwand, und das für die Anwendungsentwicklung erforderliche technische Wissen wird minimiert.

7.7 Wettbewerbsanalyse: Drei-Jahre-TCO-Studie

Derzeit bieten verschiedene Hersteller Entwicklungswerkzeuge an. Einige davon entstanden, indem Anbieter vorhandene integrierte Entwicklungsumgebungen mit weiteren Codierungswerkzeugen von Drittanbietern zu Komplettlösungen mit RAD-ähnlichen Funktionen kombinierten. Zwar haben diese Anwendungen durchaus ihre Vorteile, allerdings zeigen sie im Lauf der Entwicklung immer deutlicher auch ihre Defizite, die von der eingeschränkten Integration der verschiedenen in der Entwicklungsumgebung eingesetzten Komponenten verursacht werden. Mit FileMaker Pro gibt es diese Einschränkungen nicht, weil das Design der Datenbankanwendung von Hause aus die drei wichtigsten Elemente einer datengesteuerten Lösung

- Datenbankarchitektur,
- Prozessabbildung und
- Benutzeroberfläche

in einem einzigen, kostengünstigen Produkt vereinigt. Das erfüllt viele Entwicklungsanforderungen, ohne dass hierfür zusätzliche Add-ons notwendig sind. Diese Integration wirkt sich positiv auf die Betriebskosten (TCO) aus: Entwicklungsbedingte Änderungen sind schneller möglich, und zusätzliche Funktionen lassen sich ohne Code- und Datenbanküberarbeitung realisieren.

Der FileMaker-Vergleich mit Produkten von Microsoft, Oracle, Salesforce und der Open-Source-Community zeigt die langfristigen wirtschaftlichen Vorteile der FileMaker-Plattform deutlich. (Bitte lesen Sie im Anhang am Ende dieses Whitepapers mehr über die Methodik.)

Die nachfolgenden Tabellen zeigen, dass die ursprünglichen FileMaker-Lizenzierungs- und Produktkosten (in der Tabelle als FileMaker-Datenbankanwendung bezeichnet) deutlich niedriger als diejenigen der Wettbewerber sind. Dies gilt insbesondere dann, wenn eine Datenbanklösung eine größere Anwenderzahl berücksichtigt. Bei Salesforce.com und Force.com sind die Kosten für die Entwicklungsumgebung in den Lizenzierungskosten enthalten:

Datenbank-Lizenzierungskosten	25 Clients	50 Clients	200 Clients	1000 Clients
FileMaker	7.574	13.049	44.799	157.995
MS-SQL Server	13.969	18.019	42.319	211.595
Oracle	17.500	17.500	35.000	175.000
MySQL	0	0	0	0
Salesforce	112.500	218.750	900.000	4.500.000
Force	15.000	30.000	120.000	600.000
Entwicklungs-Umgebung (25 Liz.)	**25 Clients**	**50 Clients**	**200 Clients**	**1000 Clients**
FileMaker	2.195	2.195	2.195	2.195
MS Visual Studio	3.995	3.995	3.995	3.995
Oracle	29.000	29.000	29.000	29.000
MySQL	12.000	12.000	12.000	12.000
Salesforce, Force	0	0	0	0

Alle Angaben in US-Dollar, Detailbezeichnung der Produkte im Originaltext, Lizenzmodelle und somit Kosten können sich ändern

Mit den integrierten Entwicklungswerkzeugen, der codefreien Entwicklung und der RAD-Methodik senkt eine FileMaker-Datenbankanwendung die Entwicklungskosten von Unternehmen deutlich. Verglichen mit einer Salesforce.com Enterprise Edition liegen die Einsparungen bei mindestens 60 Prozent und im Vergleich mit Microsoft Visual Studio .NET 2008 bei 80 Prozent:

Entwicklungskosten	25 Clients	50 Clients	200 Clients	1000 Clients
FileMaker	78.750	78.750	78.750	78.750
MS-SQL Server	405.000	405.000	405.000	405.000
Oracle	296.100	296.100	296.100	296.100
MySQL	336.600	336.600	336.600	336.600
Salesforce	202.000	202.000	202.000	202.000
Force	202.000	202.000	202.000	202.000

Alle Angaben in US-Dollar, Detailbezeichnung der Produkte im Originaltext, Lizenzmodelle und somit Kosten können sich ändern

Die RAD/FileMaker-Datenbankanwendung ermöglicht deutliche Einsparungen bei der Bereitstellung einer Datenbanklösung. Grund für diesen weiteren Wettbewerbsvorteil von FileMaker sind die von Assistenten gestützten Veröffentlichungsprozesse und die Datenbanknutzung im Web. Mit den FileMaker Pro-Assistenten ist es möglich, eine Datenbankanwendung gleichzeitig für den Zugriff im Web und in einem Netzwerk mit mehreren Betriebssystemplattformen wie Windows und Mac OS zu entwickeln. Mit dieser Vorgehensweise entstehen Lösungen schneller und effizienter, weil die Anforderungen der Anwender im Vordergrund stehen und keine betriebssystemspezifischen Vorgaben berücksichtigt werden müssen. Mit einer FileMaker-Datenbankanwendung sparen Unternehmen verglichen mit Oracle unglaubliche 94 Prozent Bereitstellungskosten und verglichen mit den anderen

Wettbewerbsprodukten wie Salesforce.com und Force.com immer noch eine bemerkenswerte Summe:

Bereitstellungskosten	25 Clients	50 Clients	200 Clients	1000 Clients
FileMaker	1.575	1.575	1.575	1.575
MS-SQL Server	20.250	20.250	20.250	20.250
Oracle	23.688	23.688	23.688	23.688
MySQL	16.830	16.830	16.830	16.830
Salesforce	20.200	20.200	20.200	20.200
Force	20.200	20.200	20.200	20.200

Alle Angaben in US-Dollar, Detailbezeichnung der Produkte im Originaltext, Lizenzmodelle und somit Kosten können sich ändern

Es gibt jedoch noch weitere die Betriebskosten beeinflussende Faktoren. Hierzu gehören Personal- und Trainingskosten. Auch diese sind mit einer FileMaker-Datenbankanwendung deutlich niedriger. Die Einsparungen entstehen, weil Anwender und Entwickler FileMaker-Produkte intuitiver nutzen. Somit ist weniger Einarbeitung notwendig als mit Wettbewerbsprodukten, und damit vermeiden Unternehmen unnötige Personalkosten. Ein Grund für diesen geringeren Einarbeitungs- und Schulungsaufwand sind die FileMaker-Assistenten, das integrierte, ausgefeilte Hilfesystem und die codefrei mögliche Datenbankentwicklung und -anpassung. Die niedrigeren Kosten wirken sich direkt auf das Personalbudget einer Abteilung oder eines Unternehmens aus und sind ein überzeugendes wirtschaftliches Argument für den FileMaker-Einsatz:

Administrations-Kosten	25 Clients	50 Clients	200 Clients	1000 Clients
FileMaker	7.200	7.200	7.200	14.400
MS-SQL Server	15.480	15.480	15.480	30.960
Oracle	22.500	22.500	22.500	45.000
MySQL	16.560	16.560	16.560	33.120
Salesforce	9.000	9.000	9.000	18.000
Force	9.000	9.000	9.000	18.000

Development Toolset Training (3 Entwickler)	25 Clients	50 Clients	200 Clients	1000 Clients
FileMaker	5.235	5.235	5.235	5.235
MS Visual Studio	78.600	78.600	78.600	78.600
Oracle	39.500	39.500	39.500	39.500
MySQL	25.700	25.700	25.700	25.700
Salesforce	27.200	27.200	27.200	27.200
Force	27.200	27.200	27.200	27.200

Alle Angaben in US-Dollar, Detailbezeichnung der Produkte im Originaltext, Lizenzmodelle und somit Kosten können sich ändern

Für jedes umfangreiche Entwicklungsprojekt fallen bis zur Bereitstellung der Anwendung Kosten für Wartung, Support und Upgrades an, die in der Regel über einen Zeitraum von drei Jahren berücksichtigt werden. Sie sind ein weiterer wichtiger Faktor für die Berechnung der Betriebskosten. FileMaker positioniert die FileMaker-Anwendungen hinsichtlich Upgrades, Skalierbarkeit und automatisierter Wartung klar, übersichtlich und mit einer transparenten und günstigen Kostenstruktur. So entstehen auch in diesem Bereich deutliche Einsparpotenziale, die sich positiv auf Betriebskosten und Gesamtkapitalrendite auswirken. Sowohl bei Salesforce.com als auch bei Force.com ist ein Teil dieser Kosten in den Lizenzierungsgebühren enthalten. MySQL ist ein Open-Source-Produkt, für das keine Upgradekosten anfallen:

2 Upgrades in Entwicklungszeit	25 Clients	50 Clients	200 Clients	1000 Clients
FileMaker	15.750	15.750	15.750	15.750
MS-SQL Server	81.000	81.000	81.000	81.000
Oracle	59.220	59.220	59.220	59.220
MySQL	67.320	67.320	67.320	67.320
Salesforce	40.400	40.400	40.400	40.400
Force	40.400	40.400	40.400	40.400
2 Upgrades innerhalb 3 Jahren	25 Clients	50 Clients	200 Clients	1000 Clients

FileMaker	4.482	5.857	17.707	59.175
MS Visual Studio	6.304	7.754	27.828	139.140
Oracle	11.550	11.550	23.100	115.500
MySQL	0	0	0	0
Salesforce	0	0	0	0
Force	0	0	0	0
Support/ Wartung	25 Clients	50 Clients	200 Clients	1000 Clients
FileMaker	2.157	2.157	2.157	2.157
MS Visual Studio	5.156	5.156	5.156	5.156
Oracle	0	0	0	0
MySQL	4.000	4.000	4.000	20.000
Salesforce, Force	0	0	0	0

Alle Angaben in US-Dollar, Detailbezeichnung der Produkte im Originaltext, Lizenzmodelle und somit Kosten können sich ändern

Rechnet man die Kosten für Kauf, Entwicklung, Wartung, Support und weitere dadurch verursachte Kosten zusammen, zeigt sich, dass FileMaker Pro in der TCO-Rangliste an erster Stelle steht. In einem optimalen Szenarium spart ein Unternehmen mit einer FileMaker-Anwendung und 1.000 Clients innerhalb von drei Jahren 4,4 Millionen Dollar verglichen mit der Salesforce.com Enterprise Edition-Lösung:

Gesamtkosten (TCO)	25 Clients	50 Clients	200 Clients	1000 Clients
FileMaker	124.918	131.768	175.368	337.232
MS-SQL Server	636.774	642.274	686.648	989.736
Oracle	499.058	499.058	528.108	783.008
MySQL	479.010	479.010	479.010	511.570
Salesforce	411.300	517.550	1.198.800	4.807.800
Force	313.800	328.800	418.800	907.800

Alle Angaben in US-Dollar, Detailbezeichnung der Produkte im Originaltext, Lizenzmodelle und somit Kosten können sich ändern

Auch wenn Studien zeigen, dass die Bereitstellung neuer Anwendungen signifikante Einsparungen ermöglicht, gibt es Situationen, in denen sich dies nicht wirklich auf die Betriebskosten auswirkt. Wenn ein Unternehmen beispielsweise sehr viel in eine Oracle-Datenbanklösung investiert hat, ist der Wechsel zu einer neuen FileMaker-

Datenbankanwendung wenig sinnvoll. Die Kosten für einen solchen Wechsel dürften die Kostenvorteile der neuen FileMaker-Lösung mit ziemlicher Sicherheit übersteigen. Das muss aber nicht bedeuten, dass sich der FileMaker-Einsatz in einem solchen Unternehmen gar nicht lohnt. Denn weil FileMaker-Anwendungen andere Datenbanksysteme unterstützen, profitieren diese Unternehmen von einer FileMaker-Implementierung durchaus in Form einer höheren Anwenderproduktivität. Dort könnte FileMaker etwa für Webveröffentlichungen, Berichterstellung, einfache Datenbankwartungen und vieles mehr eingesetzt werden. In einem solchen Fall unterstützt FileMaker zwar „lediglich" die vorhandenen Technologien, leistet aber dennoch einen wesentlichen Beitrag zur Senkung der Betriebskosten und zur Erhöhung der Gesamtkapitalrendite.

7.8 ROI-Anwenderbeispiel

Oncology Services International (OSI) vertreibt und wartet als einer der größten Anbieter instand gesetzte Linearbeschleuniger und Simulatoren zur Krebsbehandlung. Das Unternehmen aus Montebello, New York (USA), vermietet die Geräte. Kliniken erhalten so dringend benötigte Technologien für die Behandlung von Krebspatienten zu deutlich niedrigeren Kosten verglichen mit dem Kauf neuer Gerätschaften. Damit hilft das Unternehmen den Kunden, die Gesamtkapitalrendite zu maximieren und die Betriebskosten zu senken. Auch intern arbeitet OSI nach einem ähnlichen Prinzip, mit dem das Unternehmen jährlich um 10 Prozent wächst. Um diese Wachstumsrate zu erreichen, optimiert OSI mit einer bewährten Technologie die Vertriebsleistung: Das Unternehmen setzt eine FileMaker Pro-Datenbanklösung ein, die von dem FileMaker-Spezialisten CAB Inc. entwickelt wurde.

7.8.1 Die Lösung:

- FileMaker-Software
- New Millennium Genesis-Buchhaltung
- WorldSync SyncDeK

7.8.2 Die Vorteile und Auswirkungen auf die Rendite:

- Verarbeitung des doppelten Verkaufsvolumens ohne zusätzliche Verwaltungspersonalkosten
- finanzielle Integrität und einfacher Datenzugang unterstützten den Kauf von OSI durch eine Kapitalbeteiligungsgesellschaft
- geringere Kundenaußenstände in der Kategorie „Älter als 90 Tage" senken die Ausgaben für Tageszinsen und erhöhen den finanziellen Spielraum im Tagesgeschäft.
- verkürzte Rechnungsläufe - von 30 Tagen auf einen Tag - für vor-Ort-Kundendiensteinsätze und von einer Woche auf eine Minute für Vertragsabrechnungen verbessert die finanzielle Liquidität
- sofortige, bisher nicht mögliche Erstellung von Verwaltungsberichten und Kundendiensteinsatzplanung in Echtzeit

7.8.3 Projektvorgabe:

Ersatz einer Buchhaltungsanwendung für kleine und mittelständische Betriebe und Verbesserung des Customer-Relationship-Management (CRM)-Systems für die Kundenpflege. Die vorhandene FileMaker Pro-Datenbankanwendung wird integriert, sodass Anwender damit Serviceberichte erstellen, Inventar überwachen, Verträge analysieren und Kundenbeziehungen verwalten. Die zu schaffende Lösung sollte mit speziellen Buchhaltungsfunktionen und einem Finanzberichtswesen Anwendungen berücksichtigen, die in den meisten Standard-Buchhaltungspaketen nicht enthalten sind.

7.8.4 Die präzise Planung und der Auswahlprozess:

OSI bat mehrere SQL- und Oracle-Entwicklungsunternehmen um ein Angebot für eine entsprechende Lösung, von denen das niedrigste bei 250 000 US-Dollar lag, allerdings ohne individuelle Anpassung und Hardware. Bereits dieses Angebot überstieg die verfügbaren Mittel, sodass OSI die SQL- und Oracle-Anforderungen überdenken und mögliche Alternativen ermitteln musste.

OSI entschied sich für den Einsatz der mit einer FileMaker-Datenbank realisierten Buchhaltungsanwendung „New Millennium Genesis“. Zusätzlich fand OSI mit CAB Inc. ein Unternehmen, das auf die individuelle Anwendungsentwicklung und Buchhaltungslösungen spezialisiert ist. CAB erstellte mit FileMaker Pro und New Millennium Genesis eine Lösung, die dank der Spiralentwicklungsmethode die RAD-fähige integrierte

Entwicklungsumgebung von FileMaker Pro optimal nutzt. Mit der schrittweisen Entwicklung bildete CAB die OSI-Unternehmensprozesse digital ab und automatisierte die Abläufe. Dabei reduzierten sich gleichzeitig die Programmierkosten durch die geringere Anzahl notwendiger Überarbeitungen, was wiederum die Gesamtkapitalrendite des Projekts maximierte. Schwerpunkt des Entwicklungsprozesses war die Automatisierung von Unternehmensprozessen und primär die gewinnbringenden Komponenten des OSI-Geschäftsmodells zu unterstützen. Nachdem dies gelungen war, implementierten CAB und OSI WordSync SyncDeK, um damit Kundendienstberichte zu erfassen und Maschinenteile zu verwalten.

7.8.5 Kundenvorteile:

Für OSI hat der Begriff „Gesamtkapitalrendite" dank dem Einsatz der FileMaker-Datenbanklösung eine vollkommen neue Bedeutung erlangt. Mit den Effizienzvorteilen durch FileMaker Pro zahlte sich die Investition sehr schnell aus - OSI beschäftigt mittlerweile 50 weitere Kundendienstingenieure, ohne dass das Unternehmen dafür einen einzigen zusätzlichen Mitarbeiter in der Verwaltung einsetzen musste. Die Betriebskosten sanken im Vergleich mit Wettbewerbslösungen deutlich. Beide Anwendungen zusammen, FileMaker und New Millennium Genesis, kosteten bei einer Einsatzdauer von fünf Jahren 28 Prozent weniger. Was sich zudem positiv auf die Betriebskosten auswirkte, waren die bereits in der Gesamtsumme enthaltenen Kosten für Software, Hardware und die kundenspezifische Lösungsentwicklung. Zudem gelang es OSI, die Kosten weiter zu reduzieren, weil sich der Finanzierungsbedarf durch einen von 30 Tagen auf weniger als einen Tag verkürzten

Rechnungsstellungszyklus verringerte. Zudem senkte OSI die Gebühren für die externe Bilanzprüfung durch eine bessere Datenaufbereitung.

7.9 Die Methode „Total cost of ownership"

In dieser Studie werden die Betriebskosten einer komplexen bis sehr komplexen datenbankgestützten Anwendung während eines Zeitraums von drei Jahren betrachtet. Eine solche Anwendung besteht durchschnittlich aus 20 bis 40 Datenbankdateien und bildet viele von Unternehmen zu Unternehmen unterschiedliche Richtlinien ab.

Für das Bereitstellungsszenarium mit 25, 50 und 2OO Clientrechnern wird ein einziger Datenbankserver zugrunde gelegt. Das Szenarium mit 1.000 Clientrechnern berücksichtigt fünf Datenbankserver, von denen jeder im Schnitt 200 Datenbankanwender unterstützt.

Die Kosten für die Hardware sind dabei nicht berücksichtigt, weil sie sich abhängig von der jeweiligen Plattform nicht grundlegend unterscheiden. Wir haben grundsätzlich, mit Ausnahme von Salesforce, den Einsatz moderner Rechner vorausgesetzt. Konkret heißt das: Für die Szenarien mit 25 und 50 Clients kommt ein Rechner mit einem Prozessor, mit 200 Clients ein Rechner mit zwei Prozessoren zum Einsatz, und mit 1.000 Clients wird ein Rechner mit fünf Prozessoren verwendet. Die Anzahl der Prozessoren ist insofern wichtig, als bestimmte Szenarien die Kosten pro Prozessor berücksichtigen.

7.9.1 Datenbank-Lizenzierungskosten:

Sowohl Microsoft SQL Server als auch Oracle Database bieten die Lizenzierung pro Arbeitsplatz und pro Prozessor an. Bei beiden Produkten ist die Lizenzierung pro Prozessor günstiger, sodass wir diese Lizenzierungsart und somit die Preise für einen Rechner mit einem oder zwei Prozessoren, wie oben erwähnt, berücksichtigt haben. Bezüglich Salesforce.com/Force.com haben wir die Plattform als kundenspezifisches Gesamtwerkzeug für die Anwendungsentwicklung gewertet. Wir sind dabei davon ausgegangen, dass die damit entwickelte kundenspezifische Anwendung die CRM-Funktionen von Salesforce.com nicht vollständig nutzt. Dementsprechend verwenden wir die Preise für zwei Editionen von Salesforce.com in dieser Studie: einmal für die CRM Enterprise Edition mit umfangreichen CRM-Funktionen und einmal für die günstiger erhältliche Force.com Enterprise Edition, die weniger CRM-Funktionen enthält. Dies erlaubt den Vergleich von Szenarien, die CRM-Funktionen erfordern, mit Szenarien mit individuell angepassten Anwendungen.

7.9.2 Entwicklungsumgebung:

Wir berücksichtigen fünf Lizenzen für die jeweiligen Entwicklungsumgebungen. Obwohl bereits FileMaker Pro standardmäßig für die Entwicklung einer Datenbanklösung eingesetzt werden kann, bevorzugen die meisten Entwickler FileMaker Pro Advanced, das mehr Entwicklungswerkzeuge und Funktionen bereitstellt.

7.9.3 Entwicklungskosten:

Die Szenarien berücksichtigen ein Team aus Chefentwickler oder technischem Architekt und zwei Entwicklern. Für die Entwicklung der FileMaker-Lösung liegt der geschätzte Aufwand bei circa 1.250 Stunden in den ersten vier Monaten sowie circa 40 Stunden pro Monat für die darauffolgenden 32 Monate. Doppelt so viele Stunden erfordert die Salesforce-Entwicklung und dreimal so viele Stunden die Java- oder .NET-Entwicklung. Diese Schätzungen basieren auf den Erfahrungen von Drittanbietern, die mit Java und .NET sowie für diese Clienttechnologien entwickeln. Bitte beachten Sie zudem, dass sich zwar viele Unternehmensprozesse und -richtlinien mit Salesforce.com und den darin integrierten Workflows und Verfahren implementieren lassen. Sobald es aber um komplexe Prozesse und Vorgaben geht, stoßen die integrierten Funktionen schnell an ihre Grenzen. Spätestens dann ist der Einsatz von Datenbank-Triggern und kundenspezifischer (Apex-) Codierung notwendig.

7.9.4 Zwei Anwendungsupgrades:

Dabei berücksichtigen wir die Entwicklungskosten, die anfallen, um neue Funktionen nach einem Produktupgrade in einer Lösung zu implementieren. Bei jedem Upgrade gehen wir von jeweils 5 Prozent geändertem und neuem Code aus. Damit entsprechen diese Codes 20 Prozent der ursprünglich geschätzten Entwicklungskosten.

7.9.5 Kosten für den Einsatz und im Betrieb:

Diese Kosten schätzen wir ebenfalls entsprechend den Erfahrungen von Drittanbietern mit der jeweiligen

Entwicklungsumgebung und berücksichtigen sie als prozentualen Anteil der Entwicklungskosten. Insbesondere wirkt sich hierbei die jeweils unterschiedlich komplexe Bereitstellung mit den Plattformen aus. Die Prozentanteile der jeweiligen Entwicklungsumgebung in dem von uns zugrunde gelegten Szenarium betragen für FileMaker Pro 1 Prozent, für Microsoft SQL Server und MySQL 5 Prozent, für Oracle 8 Prozent und für Salesforce.com 10 Prozent. Im Fall von Salesforce.com handelt es sich um eine Entwicklungsumgebung, die Apex und VisualForce verwendet und deren Einsatz daher sehr komplex und zeitintensiv sein kann.

7.9.6 Kosten für die Datenbankverwaltung:

Wir berücksichtigen in diesem Whitepaper für die Datenbankadministration eine für die jeweilige Plattform unterschiedliche, feste Stundenzahl pro Monat: für FileMaker und Salesforce.com jeweils fünf, für alle anderen Plattformen jeweils zehn Stunden.

7.9.7 Trainings für die Entwicklungsumgebung:

Hierzu zählen wir die Kosten sowohl für die Trainings als auch für die Zertifizierung von Entwicklern. Für FileMaker berücksichtigen wir die Teilnahme von drei Entwicklern an den FileMaker Training Series, wobei es lediglich eine Zertifizierung zum FileMaker Certified Developer gibt. Die Kosten für die Microsoft-Trainings ergeben sich durch die Zertifizierung eines Entwicklers zum Enterprise Application Developer und von zwei weiteren Entwicklern zum ASP.NET Developer. Für die Java-Entwicklungsumgebung entstehen

Kosten durch Trainings und Zertifizierungen eines Entwicklers als Certified Java Developer und von zwei Entwicklern als Certified Java Associates. Für Force.com haben wir drei Entwickler berücksichtigt, die an einem Training für eine Advanced Developer Certification teilnehmen.

Zusätzlich haben wir dabei den zeitlichen Aufwand einkalkuliert, den Entwickler für die Trainingsteilnahme und die Zertifizierung benötigen. Für eine Microsoft-Zertifizierung müssen Entwickler viele Trainings besuchen, wodurch sehr hohe Kosten entstehen. Für die Zertifizierung zum Enterprise Application Developer etwa sind fast ein Dutzend Trainings mit insgesamt etwa 400 Stunden notwendig.

7.9.8 Anwendungsupgrades:

Einige Anbieter bieten Upgrades der Entwicklungsplattformen als Bestandteil des jeweiligen Lizenzierungsmodells als Software Assurance oder Software Support an. Ist dies der Fall, haben wir die entsprechenden Kosten aus den Lizenzierungsgebühren herausgerechnet und separat darauf hingewiesen. Bitte beachten Sie, dass einige Lizenzierungspreise wie etwa die von Oracle und Microsoft solche „Upgradegebühren" enthalten.

7.9.9 Support:

Die im Absatz zuvor beschriebenen Anwendungsupgrades werden von vielen Herstellern dem Supportangebot zugerechnet. Nicht darin enthalten ist jedoch der technische Support bei Störungen und Fehlern. Die von den Herstellern angebotenen Supportleistungen unterscheiden sich deutlich. Für FileMaker berücksichtigen wir die Kosten für einen Benutzerkontakt mit unbegrenztem Support. Microsoft bietet mit einer korrekten Lizenzierung einen eingeschränkten telefonischen Support. Daher haben wir in diesem Fall die Kosten für 20 weitere, kostenpflichtige Supportanfragen über drei Jahre hinzugefügt. Oracle und Salesforce.com verlangen keine zusätzlichen Gebühren für den technischen Support, dieser ist in den Lizenzgebühren enthalten. Für MySQL berücksichtigen wir den Preis für den MySQL Netzwerk-Support pro Server.

8. Zeitplan und Kosten

Zur soliden Planung eines neuen IT-Vorhabens gehören Zeitplan und Kostenaufstellung. In vielen Fällen werden Zeit und Kosten nicht eingehalten, was keine Katastrophe ist. Erst wenn Zeit und Kosten empfindlich überschritten werden, wird die Schmerzgrenze erreicht. Die ständige Kontrolle beider Faktoren während der Entwicklungs- bzw. Bereitstellungsphase sollte ein „muss" sein.

8.1 Vorgehensweise und Kosten (10 Jahre)

	Phase	Auftraggeber	Entwickler	Kosten in %
1.	Dokumentation des Ist- und Sollzustandes	✓		
2.	Pflichtenheftes: Datenmodellierung, Funktionen und Output	✓	✓	10 %
3.	Software bereitstellen, entwickeln, Altdatenimport		✓	40 %
4.	Test	✓	✓	5 %
5.	Änderungen, Erweiterungen		✓	5 %
6.	Implementierung		✓	5 %
7.	Schulung, Echtbetrieb	✓	✓	5 %
8.	Änderungen, Erweiterungen, Ergänzungen in 10 Nutzungsjahren	✓	✓	30 %

8.2 Organisationsgespräche, Pflichtenheft

Die erste Grundlage für die Erstellung von Entscheidungspapieren ist die Daten- und Faktensammlung. Jeder Mitarbeiter sollte für seinen eigenen Verantwortungsbereich zunächst mit seinen Worten eine Aufstellung aller Tätigkeiten/Aufgaben und deren Abhängigkeiten und Beziehungen zu anderen Bereichen erstellen.

8.3 Verantwortlichkeiten

Um Phasen und Aufgaben klar zu trennen und den Mitarbeitern zuzuordnen, ist die eindeutige Vergabe von Verantwortlichkeiten notwendig. Der Dreh- und Angelpunkt des gesamten Vorhabens muss der Koordinator oder Administrator sein, unter dessen Verantwortung alle Fäden zusammenlaufen. Durch die eindeutige Vergabe von Verantwortlichkeiten soll der Mitarbeiter sein Aufgabenfeld besser hinterfragen und strukturieren. Ohne einen zu großen Negativ-Effekt in diese Überlegungen bringen zu wollen, sei aber festgestellt, dass es Mitarbeiter gibt, die nicht genügend Weitblick, Tiefgang und/oder Abstraktionsvermögen haben, um planerische Aufgaben zu übernehmen.

8.4 Erstellung Pflichtenheft

Auf die Notwendigkeit zur Erstellung eines Pflichtenheftes ist zu Beginn hingewiesen worden. Der investierte zeitliche Aufwand für das Pflichtenheft zahlt sich bei der Nutzung der neuen IT aus.

8.5 Anbietersuche

Die erste Auswahl der möglichen Anbieter sollte die Anzahl von zehn nicht überschreiten. Die Anbieter müssen auf die Aufgabenstellung des Verbandes spezialisiert sein. Eine weitere Vorauswahl sollte dann drei Unternehmen ergeben, mit denen dann detailliertere Gespräche geführt werden.

8.6 Vorauswahl Anbieter

Die Vorauswahl von etwa drei Anbietern sollte über einen Fragenkatalog erfolgen. Neben grundlegenden Fragen über das Unternehmen (Gründung, Mitarbeiter, Spezialisierungen, Referenzen, ...) sollten Fragen zur Aufgabenstellung gestellt werden. Sinngemäß: Können Sie z.B. die Beitragsermittlung xyz in ihrer Software realisieren? Gibt es Schnittstellen von der Beitragsverwaltung in die Buchhaltung? Welches Software-Entwicklungsinstrument setzen Sie ein? Diese Befragung darf auch teilweise im multiple choice Verfahren erfolgen.

8.7 Erstellung Beurteilungskatalog

Der Mitarbeiter sollte für seinen Verantwortungsbereich eine Aufstellung der einzelnen Anforderungen vornehmen. Die Bewertung der Teilbereiche könnte nach folgender Einschätzung erfolgen:

1 = sehr gut bis 6 = ungenügend für die Beurteilung bzw. Anforderungserfüllung der Software

1 = unbedingt erforderlich, 2 = wünschenswert, 3 = sinnvoll aber nicht unbedingt erforderlich für die Wünsche an die neue Software (wird vor der

Anwenderauswahl erstellt und ggf. hier gegenüber gestellt)

8.8 Auswertung der Beurteilungskataloge

Bevor alle Beurteilungsbögen ausgewertet werden, sollte der Koordinator mit jedem einzelnen Mitarbeiter die Beurteilungspunkte durchsprechen, um Verständnisfragen zu klären. Was der Mitarbeiter als wichtig ansieht, mag die Geschäftsleitung als unbedeutend beurteilen oder umgekehrt. Dann werden alle Bögen zu einem Sammeldokument zusammengefasst, um hierdurch eine erste Entscheidungsgrundlage zu erstellen.

8.9 Besprechung der Gesamt-Auswertung

Mit dieser Gesamtbeurteilung werden alle beteiligten Mitarbeiter zu einer Besprechung gebeten. Änderungen werden in das Dokument eingearbeitet.

8.10 Weitere Auswahleingrenzung der Anbieter

In dieser Besprechung sollte schon eine weitere Eingrenzung der Anbieter erfolgen. Drei Anbieter sollten in die engere Wahl kommen. Wichtig ist es, die Mitarbeiter zu befragen, wie sie den oder die Anbieter sachlich einschätzen und wie sie die Realisierung und Betreuung im Einsatz sehen.

8.11 Gespräche mit den Anbietern, Angebote

Für die Gespräche mit den verbleibenden Anbietern sollten sich Geschäftsführung und Koordinator verantwortlich zeigen. Die Anbieter werden um die Abgabe eines Angebotes gebeten aus dem Kosten (einmalig, monatlich und sporadisch), sowie der Zeitplan hervorgeht. Teile der Ausschreibungsunterlagen für den Anbieter sollte im multiple choice Verfahren beantwortet werden. Aber Achtung eine reine Ankreuzbeantwortung von Fragen lässt dem Anbieter wenig Spielraum, eigene und konstruktive Ideen einzubringen.

Wichtig ist auch die Klärung der Zahlungsmodalitäten mit dem Anbieter.

8.12 Erstellung eines Entscheidungspapieres

Nach Eingang der Angebote ist zu prüfen, wie weit der Inhalt den Ausschreibungsunterlagen entspricht, also den gewünschten Anforderungen. In vielen Fällen schlägt der Anbieter andere, oft auch bessere Lösungen als die geforderten vor. Es werden sich Nachfragen von beiden Seiten ergeben, die es zu klären gilt. Ein Entscheidungspapier sollte alle Informationen in leicht verständlicher Form enthalten, so dass sich ein Laie in die Thematik versetzen und guten Gewissens eine Entscheidung treffen kann. Die aus dem Gesamtbeurteilungsbogen resultierenden Ergebnisse sollten deutlich formuliert werden, mit der Aussicht für die

Entscheider in Details einzusteigen. Damit sich das Gremium für die Entscheidung vorbereiten kann, sollten die Papiere vor der Entscheidungssitzung den verantwortlichen Personen rechtzeitig vorliegen.

8.13 Präsentation der Entscheidungsgrundlagen

Zu den Entscheidungspapieren sollte eine Präsentation für die Entscheidungssitzung vorbereitet werden. Sinnvoll ist es, in verständlicher Weise den gesamten Hergang bis zur Entscheidung zu erläutern, danach erst alle notwendigen Fakten und Einschätzungen.

8.14 Auftragsvergabe

In vielen Fällen erwartet der Anbieter, dass sein Angebot durch ein Schreiben der Geschäftsführung oder des Vorstandes angenommen wird. In größeren Verbänden erledigt dies der Justiziar oder die juristische Abteilung.

9. Testphase

Es liegt im Sicherheitsbedürfnis des Anwenders vor Inbetriebnahme des neuen Systems Tests durchzuführen, die ihm die Gewissheit geben, dass die Anforderungen und die Stabilität hochgradig erfüllt werden. Tests können und sollten parallel zum alten System vorgenommen werden. Es stellt sich dann die Frage: Wie weit wird die Leistung und Zuverlässigkeit des alten Systems und die neuen Anforderungen erfüllt? Es ist besser eine Woche mehr zu testen, als zu Beginn der Echtphase mit massiven Problemen konfrontiert zu werden.

10. Schulung

In der Entwicklungs- oder Bereitstellungsphase sollte es zwischen Anbieter und Koordinator zu einem sehr intensiven Informationstausch kommen. Dieser bringt Wissen in den Verband, welches später in der Betriebsphase von großem Vorteil ist. Der Koordinator kann diese Informationen intern an seine Kollegen weitergeben. Dadurch werden Schulungsaufwand und Ausbildung erheblich reduziert, das sachliche Niveau ist dadurch in der Schulung hoch. Wenn nicht alle Mitarbeiter zur gleichen Zeit geschult werden können, so empfiehlt sich eine Aufteilung. Der Verband wäre sonst personell komplett blockiert.

11. Start des Betriebes

Die neue Software und/oder neue Hardware stellt an den Mitarbeiter zunächst eine Herausforderung dar. Er wird zunächst nicht so reibungslos wie mit dem alten arbeiten können, da noch nicht genügend praktische Erfahrung vorliegt. Der Sinn des neuen Systems ist mehr Leistung und/oder mehr Hilfen zu bekommen. Ist alles gut geplant und die neue Software erfüllt die

Anforderungen, sollte Äußerungen von Mitarbeitern: „Das alte System war wesentlich besser" Geduld entgegengebracht werden. Dies ist dann zunächst nur als eine Form von vorübergehenden Unsicherheit zu werten.

12. Nachbereitung

In allen Phasen zwischen Auftragserteilung und Echtbetrieb können sich Änderungen und Erweiterungen in den Anforderungen ergeben. Die Folgen können höhere Kosten und zeitlicher Verzug sein. Dies sollte in der Kalkulation berücksichtigt worden sein.

13. Support (Hotline), Lizenzen

Je nach Komplexibilität ist eine Betreuung in der praktischen Anwendung notwendig. Hier bieten sich unterschiedliche Abmachungen zwischen Verband und Anbieter an. Eine Hotline mit einem festen monatlichen Betrag wird zu Beginn des Einsatzes sicherlich mehr in Anspruch genommen als nach einem Jahr des Betriebes. Wird aber die Hotline nach z.B. drei Jahren gekündigt, steht ein Anspruch auf Problemabhilfe im Raum. Stehen keine Probleme an, so ist, und das im Nachhinein gesehen, eine Hotline überflüssig gewesen. Das aber nur dann, wenn keine Probleme und Fragen entstehen, dies ist allerdings selten der Fall. Eine andere Form der Betreuung und Hilfe ist das sporadische Inanspruchnehmen von Dienstleistungen. Lizenzgebühren fallen dann an, wenn Systeme dauerhaft im Grundmodus genutzt werden und darüber hinaus individuelle Anpassungen erfolgen. In vielen Fällen enstehen monatliche Kosten bei der Nutzung von Datenbanken.

14. Mögliche Phasen

14.1 Vorgehensweise vor der Entscheidung

- Phase 1: Feststellung des Ist-Zustandes, Analyse
- Phase 2: Definition des Soll-Zustandes
- Phase 3: Erstellung der Ausschreibung
- Phase 4: Marktanalyse der Software-Anbieter
- Phase 5: Entscheidungsformular entwickeln
- Phase 6: Vorauswahl der Angebote
- Phase 7: Software-Präsentationen, drei Anbieter
- Phase 8: Entscheidungsformulare, Entscheidung

14.2 Vorgehensweise nach der Entscheidung

- Phase 1: Auftragsvergabe
- Phase 2: Detaillierte Festlegung mit dem Anbieter
- Phase 3: Softwareanpassung, Altdatenübernahme
- Phase 4: Test der neuen Software
- Phase 5: Schulung und Wissenstransfer
- Phase 6: Komplettinstallation und Parallel-Lauf
- Phase 7: Echtlauf, Korrekturen

14.4 Von der Idee bis zur Entscheidung

Phase 1: Feststellung des ***Ist-Zustandes***, Analyse des Status quo, Diskussion derzeitiger Problemfälle, („Gutes erhalten, Schlechtes ersetzen“), Sichten von Software, Arbeitsabläufen und Hardware

Phase 2: Festlegen des ***Soll-Zustandes*** (Ziel, was wird von der neuen IT-Architektur/Software erwartet), mit genauer Festlegung der Phasen, Machbarkeitsstudie über eine geplante neue IT-Architektur, vorläufige und grobe Kosten/Nutzen-Analyse, Konzeptentwicklung und Planung für eine neue Hardware und Software, Erstellung von Pflichtenheft und Ausschreibung, alle Beratungstätigkeiten unter Einbeziehung aufgabenrelevanter Mitarbeiter des Auftraggebers

Phase 3: Erstellung der ***Ausschreibungsunterlagen*** über weitgehend integrierter Anwender-Software, Beschreibung der Einzel-Anforderungen unterteilt in Prioritäten (z.B. 1 = unbedingt erforderlich, 2 = erforderlich ggf. über einen anderen Weg lösbar, 3 = wünschenswert), Berücksichtigung von Zeitrahmen, Service, Wartung und Garantie, Festlegung der Hardware-Architektur basierend auf den Anforderungen und Sicherheitskonzept

Phase 4: Vorauswahl der ***Angebote***, Festlegung der engeren Wahl von z.B. drei Angeboten für

Hardware und Software, Sicherheitskonzepte, Bewertungskatalog erstellen

Phase 5: ***Präsentation*** von z.B. drei Anbietern vor ihren Mitarbeitern (Motivation), Diskussion, abwägen, Befragung der Mitarbeiter nach deren Einschätzung

Phase 6: Aufbereitung der Impressionen, Kosten und sachlicher Machbarkeit der Anbieter, Bewertungskatalog vervollständigen und ***Entscheidungspapier*** vorbereiten, besprechen und erstellen, Kosten- und Zeitplan erstellen, Präsentation des Bewertungskataloges für das Entscheidungs-Gremium vorbereiten

14.5 Von der Entscheidung bis zum Einsatz

Phase 1: ***Auftragsvergabe***, endgültigen Zeitplan erstellen, Einplanung von Mitarbeitern und Finanzflüssen, sowie Installation und Schulung

Phase 2: Detailliere ***Festlegung*** mit den Anbietern aller Leistungen

Phase 3: ***Vorbereitung*** der Leistungen von Seiten der Anbieter, Altdatenübernahme

Phase 4: ***Installation*** der neuen Hardware, Test

Phase 5: ***Installation*** der Software, Testphasen (Plan A und Plan B, Parallel-Lauf)

Phase 6: ***Echtphase*** mit neuer Hardware und neuer Software, Hotline, Wartung, Service, Unterstützung

14. Pflichtenheft-Typen

Das erste Pflichtenheft sollte allgemein und nicht zu detailliert vom Anwender (nicht so bei z.B. Rentenberechnungen) gehalten werden. Der Grund liegt in der Vielfalt der in die engere Wahl kommenden Software-Produkte. Ein Detailpflichtenheft sollte gemeinsam mit dem Softwareanbieter der engeren Wahl erstellt werden. Hierbei ist von den Standardfunktionen der Software auszugehen. In Analyse-Workshops (in der Regel kostenpflichtig) sind dann gemeinsam mit dem Softwareanbieter die Details und die Geschäftslogik festzulegen. Dieses Verfahren sichert die gewünschte Funktionalität der einzusetzenden Software, reduziert den Schulungsaufwand und fördert Problemlösungen.

Typ A

1. Teilnehmer
2. Ausgangslage, Ist-Zustand
3. Soll-Zustand
   - Teilbereich 1
   - Teilbereich 2
   - Teilbereich n
4. Verantwortlichkeit, Aufgabenverteilung, Termine

Typ B

1. Ist-Zustand
   - Hardware
   - Software
   - Mitarbeiter
2. Soll-Zustand
   - Hardware
   - Software
   - Organisation
3. Termine
4. Kosten

5. Prüfung
6. Kosten
    - fest kalkulierbare Kosten
    - Nebelkosten

5. Vorgaben

Typ C

1. Teilnehmer
2. Ausgangslage, Ist-Zustand
3. Funktionstabelle
    - Funktionen
    - Wichtigkeit
    - Termine
    - Kosten
    - Zuständigkeit
4. Fazit

16. Andere Ansätze eines Pflichtenheftes

Während bei der Prüfung der aktuellen IT-Architektur keine direkte Notwendigkeit vorliegt, so ist bei der Erstellung eines Pflichtenheftes (Leistungsbeschreibung, Konzept, Lastenheft, ...) in aller Regel schon eine Entscheidung für neue Hardware und/oder Software gefallen. Um es voraus zu schicken, das Pflichtenheft ist eine unumgängliche Notwendigkeit, um nicht aus dem Bauch heraus Entscheidungen zu treffen. Fehlt ein Pflichtenheft bei einer mittleren Komplexibilität der Anforderungen, so darf hochgradig davon ausgegangen werden, dass das Ergebnis der Neuerung nicht mit dem gesetzten Ziel einhergeht. Das Pflichtenheft ist ein Papier, das allen Beteiligten, wie Geschäftsführung, Verbandsmitarbeiter und Software-Anbieter Informationen aufzeigt, die vom jeweiligen Personenkreis verstanden werden. Es muss also eine Sprache gefunden werden, die vollständig das Ziel in allen Details beschreibt. Ist ein Faktor vergessen worden, so wird beispielsweise der Softwareanbieter diesen Punkt nicht erraten können, er fehlt schlichtweg. In den meisten Fällen wird von der Geschäftsführung eine Person bestimmt, die dieses Pflichtenheft federführend erstellt. Auch stellt sich die Frage, wie im vorherigen Kapitel, nach der externen Beratung. Alleine wird der beauftragte Mitarbeiter mangels Erfahrung ein Pflichtenheft nicht erstellen können. Er wird es mit seinen Worten verfassen, was zum Nachteil der Verständigung führen kann. Der Softwareanbieter wird sich an das Pflichtenheft halten. Wenn ein Sachverhalt aber unverständlich oder in einer reinen Anwendersprache verfasst ist, so hat der Softwareanbieter zu viel Interpretationsspielraum, und dieser muss so gering wie möglich gehalten werden. Die Aussage: „Die Buchungen müssen gespeichert werden“ ist alleine gesehen klar. Es stellt sich aber die Frage: „Wie lange und wie sollen Buchungen gespeichert werden?“. Dies ist ein banales Beispiel, zeigt aber, dass der Zeitraum der Speicherung offen ist. Fragt der Softwareanbieter hier nicht nach, dann lässt er in seinem Programm die Buchungen vielleicht nur einen Monat gespeichert. Der Anwender braucht die Speicherung aber für ein Jahr. Bei umschriebenen oder komplexeren Aufgabenstellungen ist nicht sicher gestellt, dass der

Softwareanbieter hinterfragt, weil die Beschreibung womöglich plausibel erscheint. Mögliche Probleme oder Fehlinterpretationen sollen und müssen im Vorfeld hochgradig abgefangen werden. Der gute und erfahrene Planer ist hier im Vorteil. Die Aufgabe der Pflichtenhefterstellung kann durchaus einen Mitarbeiter extrem fordern. Dies sollte bei der Beauftragung von Seiten der Geschäftsführung berücksichtigt werden. Im Wesentlich besteht ein Pflichtenheft aus der für alle Beteiligten verständlichen Beschreibung des Ist-Zustandes und des Soll-Zustandes. Hierzu werden in Theorie und Praxis unterschiedliche Ansätze diskutiert. Ebenso ist von Bedeutung, alle Teilanforderungen mit einer Gewichtung zu versehen. Vorstellbar wäre beispielsweise:

1 = unbedingt erforderlich
2 = nur in Ausnahmen verzichtbar
3 = sehr angenehm, aber verzichtbar

Wird auf diese Art der Gewichtung verzichtet, so sind alle Teilanforderungen von gleich wichtiger Bedeutung. In der Praxis haben nicht alle Anforderungen die gleiche Bedeutung für die Organisation. Verzichtet man auf diese Gewichtung, so entstehen 100 % Kosten. Gewichtet man die Teilanforderungen, so können die Kosten bei 80% bis 90% liegen. Mit der Gewichtung ist auch eine Bewertung verbunden, braucht man dies oder nicht. Zu Beginn dieser Überlegungen versucht man, so viel wie möglich in ein Pflichtenheft zu packen. Danach sollte man aber gewichten und bewerten. Hier eine vereinfachte Darstellung:

Teilanforderung	Gewichtung
Telefonieren aus der Software	3
Beitragsermittlung	1
...	...

16.1 Theoretische Ansätze

Gliederungsschema eines Pflichtenheftes

1 Zielbestimmung

1.1. Musskriterien
1.2 Wunschkriterien
1.3 Abgrenzungskriterien

In diesem Kapitel wird beschrieben, welche Ziele durch den Einsatz des Produkts erreicht werden sollen. Um den Entscheidungsraum für die Realisierung abzustecken und um die Gliederung in Teilprodukte zu erleichtern, erfolgt die Zielbestimmung durch die Festlegung von Muss-, Wunsch- und Abgrenzungskriterien. Unter Musskriterien wird aufgeführt, welche Leistungen für das Produkt unabdingbar sind, damit es für den vorgesehenen Einsatzzweck verwendet werden kann. Sie müssen auf jeden Fall erfüllt werden. Wunschkriterien beschreiben Wünsche an das zu entwickelnde Produkt, die nicht unabdingbar sind, deren Erfüllung aber so gut wie möglich angestrebt werden sollten. Abgrenzungskriterien sollen deutlich machen, welche Ziele mit dem Produkt bewusst nicht erreicht werden sollen. Da die Wünsche an ein Produkt im Allgemeinen sehr umfangreich und oft leicht formulierbar sind, soll dieser Abschnitt dazu dienen, Abgrenzungen des Produkts zu definieren.

2 Produkteinsatz

2.1 Anwendungsbereiche
2.2 Zielgruppen
2.3 Betriebsbedingungen

Da der geplante Produkteinsatz wesentliche Auswirkungen auf die funktionale Mächtigkeit und auf die Qualitätsmerkmale hat, werden in diesem Abschnitt die Anwendungsbereiche, z. B. Textverarbeitung im Büro, und die Zielgruppen, z. B. Sekretärinnen, Schreibkräfte, definiert. Unter Umständen sollte auch festgelegt werden, von welchen Voraussetzungen, z. B. bezüglich des Qualifikationsniveaus des Benutzers, ausgegangen wird. Ebenfalls kann es sinnvoll sein, explizit anzugeben, für welche Anwendungsbereiche und Zielgruppen das Produkt nicht vorgesehen ist, z. B. für den DV-unkundigen Benutzer. Deckt das Produkt verschiedene Anwendungsbereiche und Zielgruppen ab, dann ist eine Aufführung der unterschiedlichen Bedürfnisse und Anforderungen nötig. Unter Betriebsbedingungen werden folgende Punkte beschrieben: physikalische Umgebung des Systems, z. B. Büroumgebung, Produktionsanlage oder mobiler Einsatz, tägliche Betriebszeit, z. B. Dauerbetrieb bei Telekommunikationsanlagen, ständige Beobachtung des Systems durch Bediener oder unbeaufsichtigter Betrieb.

3 Produktübersicht

Gibt eine Übersicht über das Produkt, z. B. über alle wichtigen Geschäftsprozesse in Form eines Übersichtsdiagramms.

4 Produktfunktionen

In Abhängigkeit von den gewählten Konzepten erfolgt hier eine Konkretisierung und Detaillierung der Funktionen aus dem Lastenheft. Wurde beispielsweise im Lastenheft die Funktionalität durch verbal beschriebene Geschäftsprozesse definiert, dann kann hier eine Detaillierung erfolgen, z. B. unter Verwendung einer Geschäftsprozess-Schablone. Die Produktfunktionen können gegliedert werden nach:

- Geschäftsprozessen
- Listen
- Reports

Erfolgt die Beschreibung der Funktionen mit einem CASE-Werkzeug (computer-aided software engeneering, Rechner gestützte Softwareentwicklung), dann reicht es aus, nur den Namen der Funktion und einen Verweis auf das mit dem CASE-Werkzeug erstellte Artefakt anzugeben.

5 Produktdaten

Die langfristig zu speichernden Daten sind aus Benutzersicht detaillierter zu beschreiben. Im einfachsten Fall erfolgt eine verbale Beschreibung. Es bietet sich jedoch auch an, eine formale Beschreibung, z. B. in Form eines Data Dictionary, vorzunehmen, um eine größere Präzision zu erreichen. Bei einer objektorientierten Software-Entwicklung kann die Daten-Spezifikation auch als Attribut-Spezifikation im Klassen-Diagramm erfolgen. Vom Pflichtenheft aus ist dann auf das entsprechende Klassen-Diagramm zu verweisen. Unabhängig von der verwendeten Methode sollten die Produktdaten jedoch im Pflichtenheft grob untergliedert und mit Namen benannt werden, z. B. Kundendaten bestehen aus:

- Kunden-Nummer
- Name
- Adresse
- Kommunikationsdaten
- Geburtsdatum
- Funktion
- Umsatz
- Kurzmitteilung
- Notizen
- Info-Material
- Kunde seit

Name, Adresse usw. sind hier nicht weiter aufzugliedern, da diese Verfeinerungen in der Regel in den CASE-Werkzeugen zur Wiederverwendung zur Verfügung stehen und nicht jeder Systemanalytiker diese Begriffe neu definieren soll. Das Mengengerüst bei den Daten ist bei Bedarf zu ergänzen, beispielsweise um Durchschnittswerte und Spitzenbelastungen beim Datendurchsatz usw.

6 Produktleistungen

Werden an einzelne Funktionen und Daten Leistungsanforderungen bzgl. Zeit oder Genauigkeit gestellt, dann werden sie hier aufgeführt und entsprechend markiert. Zu prüfen ist, ob die gewünschten Leistungen mit den in 5 genannten Datenmengen erreicht werden können. Bei netzwerkfähigen Anwendungen ist der Datentransfer über das Netz zu schätzen.

7 Qualitätsanforderungen

In diesem Kapitel wird festgelegt, welche Qualitätsmerkmale das zu entwickelnde Produkt in welcher Qualitätsstufe besitzen soll. Voraussetzung für die Qualitäts-Zielbestimmung ist, dass die Qualitätsmerkmale in operationalisierter Form vorliegen. Die operationalisierten Qualitätsmerkmale sind als Anhang dem Pflichtenheft beizufügen, wenn sie nicht als allgemeine Richtlinie (Standard, Werknorm) zur Verfügung stehen. Gibt es in einem Unternehmen einen festgelegten Qualitätsstandard für alle Produkte, dann sind hier nur Abweichungen davon aufzuführen und zu begründen.

8 Benutzungsoberflächen

In diesem Kapitel werden grundlegende Anforderungen an die Benutzungsoberfläche festgelegt, z. B. Fensterlayout, Dialogstruktur und Mausbedienung entsprechend dem Windows-Gestaltungs-Regelwerk oder unternehmenseigenen Gestaltungs-Regelwerken. Die Festlegungen sollten sich auf die produktspezifischen Ausprägungen beschränken. Details werden durch Prototypen oder Pilotsysteme spezifiziert. Gibt es verschiedene Stellen, die das Produkt benutzen, z. B. Kundensachbearbeiter und Seminarsachbearbeiter, dann sind für jedes Gebiet die Zugriffsrechte, differenziert nach Lese- und Schreibrechten, aufzuführen. Die einzelnen Anforderungen werden analog wie die Funktionsanforderungen nummeriert, allerdings mit dem vorangesetzten Buchstaben B. Bei Produkten, die keine Benutzungsoberfläche besitzen, werden hier analog die Schnittstellenkonventionen beschrieben, die für das anwendende System wichtig sind.

9 Nichtfunktionale Anforderungen

Es werden alle Anforderungen aufgeführt, die sich nicht auf die Funktionalität, die Leistung und die Benutzungsoberfläche beziehen, z. B.

- einzuhaltende Gesetze
- einzuhaltende Normen
- Testat durch externe Prüfungsgesellschaft
- Revisionsfähigkeit
- Ordnungsmäßigkeit der Buchführung
- Sicherheitsanforderungen, z. B. Passwortschutz, Mitlaufen von Protokollen, sichere Übertragung
- Plattformabhängigkeiten

10 Technische Produktumgebungen

10.1. Software
10.2. Hardware

10.3 Orgware
10.4 Produktschnittstellen

In diesem Kapitel wird die technische Umgebung des Produkts beschrieben. Bei Client/ Server-Anwendungen ist die Umgebung jeweils für Clients und Server getrennt anzugeben. Unter Software wird angegeben, welche Software-Systeme (Betriebssystem, Laufzeitsystem, Datenbank, Fenstersystem usw.) auf der Zielmaschine (Maschine, auf der das fertig gestellte Produkt eingesetzt werden soll) zur Verfügung stehen, z. B. Webbrowser auf dem Client. Unter Hardware wird aufgeführt, welche Hardware-Komponenten (CPU, Peripherie, z. B. Grafikbildschirm, Drucker) in minimaler und maximaler Konfiguration für den Produkteinsatz vorgesehen sind. Unter Orgware wird aufgeführt, unter welchen organisatorischen Randbedingungen bzw. Voraussetzungen das Produkt eingesetzt werden soll (z. B. »Elektronische Post ist nur dann sinnvoll einsetzbar, wenn die wichtigsten Empfänger organisatorisch und technisch in das elektronische Postsystem eingegliedert sind, d. h. ein LAN-Anschluss ist erforderlich«). Unter Produkt-Schnittstellen wird das Produkt in eine bestehende oder geplante Produkt-Familie eingeordnet oder die geforderten bzw. genutzten Schnittstellen zu anderen Produkten, z. B. Office-Familie von Microsoft, werden definiert bzw. vereinbart (z. B. Schnittstelle zum Ferndiagnosesystem).

11 Spezielle Anforderungen an die Entwicklungsumgebung

11.1 Software

11.2 Hardware
11.3 Orgware
11.4 Entwicklungsschnittstellen

In diesem Kapitel wird die Entwicklungs-Umgebung des Produkts beschrieben. Es wird festgelegt, welche Konfiguration bzgl. Software, Hardware und Orgware für die Entwicklung des Produkts benötigt wird. Diese Festlegungen sind insbesondere dann notwendig, wenn Entwicklungs- und Zielmaschine unterschiedlich sind. Bei Entwicklungs-Schnittstellen ist unter Umständen aufzuführen, über welche einzuhaltenden Hardware- und Software-Schnittstellen Entwicklungs- und Zielrechner gekoppelt sind. Unter Software ist insbesondere aufzuführen, welche Software-Werkzeuge, z. B. CASE-Systeme, Programmierumgebungen, Compiler usw., benötigt werden.

12 Gliederung in Teilprodukte

Das Produkt wird in Teilprodukte aufgeteilt, die getrennt - aus Sicht des Auftraggebers - entwickelt werden sollen. Die Funktionalität wird den einzelnen Teilprodukten zugeordnet. Die Teilprodukte werden in eine Rangfolge gebracht, die die Realisierungsreihenfolge festlegt. Jedes Teilprodukt sollte einen Umfang besitzen, der in maximal einem halben Kalenderjahr realisierbar ist.

13 Ergänzungen

In diesem Kapitel werden Ergänzungen oder spezielle Anforderungen beschrieben, die über die aufgeführten

Kapitel 1 bis 12 hinausgehen. Beispielsweise können hier Installationsbedingungen festgelegt werden wie:

- bauliche und räumliche Voraussetzungen,
- Bereitstellung von Testdaten,
- Bereitstellung von Hilfspersonal.

Außerdem können hier zu berücksichtigende Normen, Vorschriften, Patente und Lizenzen aufgeführt werden.

Qualitätsmerkmale

Funktionalität

Vorhandensein von Funktionen mit festgelegten Eigenschaften. Diese Funktionen erfüllen die definierten Anforderungen. **Richtigkeit**: Liefern der richtigen oder vereinbarten Ergebnisse oder Wirkungen, z. B. die benötigte Genauigkeit von berechneten Werten. **Angemessenheit**: Eignung der Funktionen für spezifizierte Aufgaben, z. B. aufgabenorientierte Zusammensetzung von Funktionen aus Teilfunktionen. **Interoperabilität**: Fähigkeit, mit vorgegebenen Systemen zusammenzuwirken. **Ordnungsmäßigkeit**: Erfüllung von anwendungsspezifischen Normen, Vereinbarungen, gesetzlichen Bestimmungen und ähnlichen Vorschriften. **Sicherheit**: Fähigkeit, unberechtigten Zugriff, sowohl versehentlich als auch vorsätzlich, auf Programme und Daten zu verhindern.

Zuverlässigkeit

Fähigkeit der Software, ihr Leistungsniveau unter festgelegten Bedingungen über einen festgelegten Zeitraum zu bewahren. **Reife**: Geringe Versagenshäufigkeit durch Fehlzustände. **Fehlertoleranz**: Fähigkeit, ein spezifiziertes Leistungsniveau bei Software-Fehlern oder Nicht-Einhaltung ihrer spezifizierten Schnittstelle zu bewahren. **Wiederherstellbarkeit**: Fähigkeit, bei einem Versagen das Leistungsniveau wiederherzustellen und die direkt betroffenen Daten wiederzugewinnen. Zu berücksichtigen sind die dafür benötigte Zeit und der benötigte Aufwand.

Benutzbarkeit

Aufwand, der zur Benutzung erforderlich ist, und individuelle Beurteilung der Benutzung durch eine festgelegte oder vorausgesetzte Benutzergruppe. **Verständlichkeit**: Aufwand für den Benutzer, das Konzept und die Anwendung zu verstehen. **Erlernbarkeit**: Aufwand für den Benutzer, die Anwendung zu erlernen (z. B. Bedienung, Ein-, Ausgabe). **Bedienbarkeit**: Aufwand für den Benutzer, die Anwendung zu bedienen.

Effizienz

Verhältnis zwischen dem Leistungsniveau der Software und dem Umfang der eingesetzten Betriebsmittel unter festgelegten Bedingungen. **Zeitverhalten**: Antwort und Verarbeitungszeiten sowie Durchsatz bei der Funktionsausführung. **Verbrauchsverhalten**: Anzahl und

Dauer der benötigten Betriebsmittel für die Erfüllung der Funktionen.

Änderbarkeit

Aufwand, der zur Durchführung vorgegebener Änderungen notwendig ist. Änderungen können Korrekturen, Verbesserungen oder Anpassungen an Änderungen der Umgebung, der Anforderungen und der funktionalen Spezifikationen einschließen. **Analysierbarkeit**: Aufwand, um Mängel oder Ursachen von Versagen zu diagnostizieren oder um änderungsbedürftige Teile zu bestimmen. **Modifizierbarkeit**: Aufwand zur Ausführung von Verbesserungen, zur Fehlerbeseitigung oder Anpassung an Umgebungsänderungen. **Stabilität**: Wahrscheinlichkeit des Auftretens unerwarteter Wirkungen von Änderungen. **Prüfbarkeit**: Aufwand, der zur Prüfung der geänderten Software notwendig ist.

Übertragbarkeit

Eignung der Software, von einer Umgebung in eine andere übertragen zu werden. Umgebung kann organisatorische Umgebung, Hardware oder Software-Umgebung einschließen. **Anpassbarkeit**: Möglichkeiten, die Software an verschiedene, festgelegte Umgebungen anzupassen, wenn nur Schritte unternommen oder Mittel eingesetzt werden, die für diesen Zweck für die betrachtete Software vorgesehen sind. **Installierbarkeit**: Aufwand, der zum Installieren der Software in einer festgelegten Umgebung notwendig ist. **Konformität**: Grad, in dem die Software Normen oder

Vereinbarungen zur Übertragbarkeit erfüllt.
Austauschbarkeit: Möglichkeit, diese Software anstelle einer spezifizierten anderen in der Umgebung jener Software zu verwenden, sowie der dafür notwendige Aufwand.

16.2 Praktische Ansätze

Ein zu erstellendes Pflichtenheft für den zukünftigen Einsatz neuer Software bei Verbänden muss die Geschäftsprozesse und Lösungswege beschreiben. Hier Beispiele:

Die Geschäftsprozesse

- Mitgliederverwaltung
- Beitragsverwaltung
- Adressenverwaltung
- Kontakteverwaltung
- Veranstaltungsverwaltung
- Fakturierung
- Statistik, Berichte
- Zertifizierungen
- Buchhaltung
- u.s.w.

Die Lösungswege

1. Anforderungsanalyse
2. Pflichtenhefterstellung
3. Kostenanalyse

4. Lösungsalternativen
5. Datenmodellierung
6. Auswertungsfestlegung
7. Entwicklung, Internet/LAN

Der Weg von der Entscheidung bis zum praktischen Einsatz sollte in Phasen mit zeitlichem Rahmen festgelegt werden.

Vor der Entscheidung (schriftlich festhalten)

Phase 1: Feststellung des Ist-Zustandes, Analyse
Phase 2: Definition des Soll-Zustandes
Phase 3: Erstellung der Ausschreibung
Phase 4: Marktanalyse der Software-Anbieter
Phase 5: Entscheidungsformular entwickeln
Phase 6: Vorauswahl der Angebote
Phase 7: Präsentationen von drei Anbietern
Phase 8: Entscheidungsformulare, Entscheidung

Nach der Entscheidung

Phase 1: Auftragsvergabe
Phase 2: Detaillierte Festlegung mit dem Anbieter
Phase 3: Softwareanpassung, Altdatenübernahme
Phase 4: Bereitstellung neuer Software zum Test
Phase 5: Schulung und Wissenstransfer
Phase 6: Komplettinstallation und Parallel-Lauf
Phase 7: Echtlauf, Korrekturen

Mögliche Gliederung des Pflichtenheftes

1. Verantwortungen und Arbeitsbereiche beschreiben
2. Ausgangslage und Ist-Zustand (Hardware, Software, Organisation)
3. Soll-Zustand
    a) Organisation
    b) Mitarbeiter und Zuständigkeiten
    c) Hardware (LAN, Web)
    d) Software und Anforderungen (LAN, Web)
        - Ablauf
        - Layoutgestaltung
        - Steuerung
        - Prüfungen
        - Zugriffsrechte
        - Nach Sachgebieten gegliedert
        - Geschäftslogik
        - Sicherungen
        - Zeitverhalten
        - Plausibilitäten
        - Testverfahren
        - Plattform/en
    e) Datenmodellierung, Verknüpfungen
        - Datenfelderdefinitionen
        - Feldtyp
        - Altdatenübernahme
        - Inhaltsprüfung
        - Anfangsinhalt
        - Abhängigkeiten
        - Berechnungen, Formeln, Statistik
        - Datensätze, neu, löschen, ändern
        - Tabellen

- Tabellenbeziehungen
- Zugriffsberechtigungen
- Datenbank
- Validierungen
- Mengengerüst

f) Funktionalitäten, Plausibilitätsprüfungen
g) Selektionen
h) Outputs (z.B. Druck, Email)
    - Drucken
    - Email
    - Versand

i) Eingaben
    - Layouts
    - Designs
    - Objekte
    - Buttons
    - Funktionen
    - Ansichten
    - Scripts (Betreten, Ändern, Verlassen, ...)

j) Wichtigkeiten der einzelnen Anforderungen
k) Trainingsbedarf, Schulung
l) Termine
m) Kosten, einmalig, monatlich, sporadisch (Web)

4. Fazit

Mögliche Aspekte für die Softwareanforderungen

- Pflege von Firmen und Personen
- eine Person mit beliebig vielen Firmen
- eine Person mit beliebig vielen Personen
- eine Firma mit beliebig vielen Personen

- eine Firma mit beliebig vielen Firmen
- frei gestaltbare Informationsblöcke
- freie Funktionshinterlegung
- Beitrags- und Mitgliederverwaltung
- Lastschriften
- Mahnungen
- offene Posten-Verwaltung
- Serien-Briefe, -Emails, -Faxe (MS-Office)
- einzel: Brief, Email, Fax
- Korrespondenzverwaltung
- Internetzugang zur Mitgl.-Homepage
- runde Geburtstage, Jubiläen
- Statistiken
- Veranstaltungen, Seminare, Weiterbildung
- freie Selektionen
- freie Reports/Listen
- freie Schlüsselvergabe
- individual-Module
- Adressen-Kopierfunktion
- freie Datenmodellierung
- freie Formular-Gestaltung
- Datenexporte
- Fakturierung
- Konten
- Budget
- UST-Buchungen
- Kontenliste
- Buchungsliste
- UST-Liste

Mögliche Abhängigkeiten in der Software

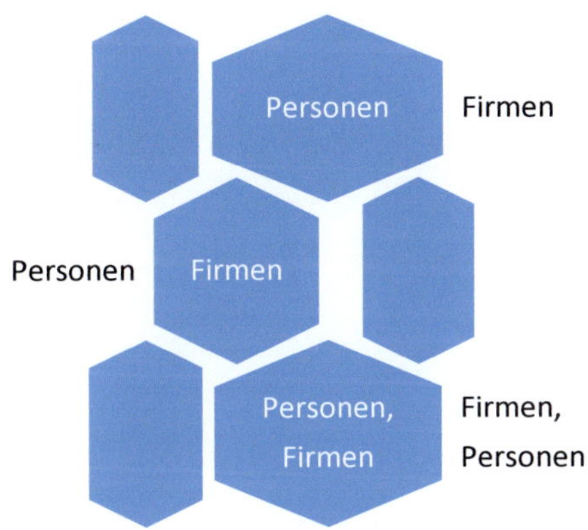

Mögliches Aussehen von Software im Web (Internet)

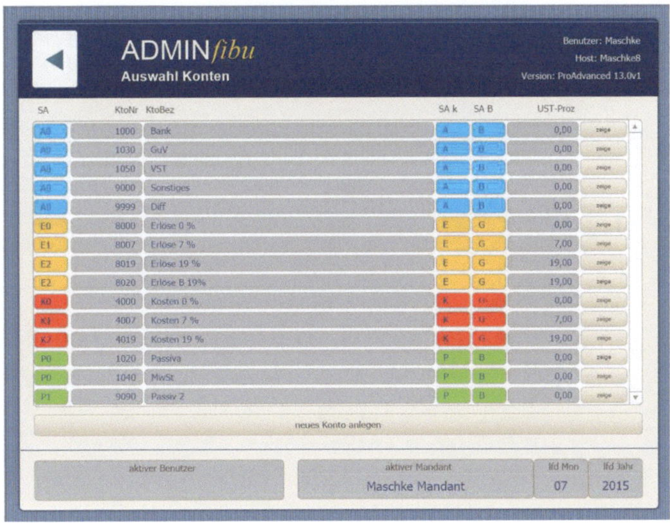

SA	KtoNr	KtoBez	SA k	SA B	UST-Proz	
A0	1000	Bank	A	B	0,00	zeige
A0	1030	GuV	A	B	0,00	zeige
A0	1050	VST	A	B	0,00	zeige
A0	9000	Sonstiges	A	B	0,00	zeige
A0	9999	Diff	A	B	0,00	zeige
E0	8000	Erlöse 0 %	E	G	0,00	zeige
E1	8007	Erlöse 7 %	E	G	7,00	zeige
E2	8019	Erlöse 19 %	E	G	19,00	zeige
E2	8020	Erlöse B 19%	E	G	19,00	zeige
K0	4000	Kosten 0 %	K	G	0,00	zeige
K1	4007	Kosten 7 %	K	G	7,00	zeige
K2	4019	Kosten 19 %	K	G	19,00	zeige
P0	1020	Passiva	P	B	0,00	zeige
P0	1040	MwSt	P	B	0,00	zeige
P1	9090	Passiv 2	P	B	0,00	zeige

16. Quellenverweise

IT-Aussichten für Verbände und Organisationen in den nächsten zehn Jahren
Rainer Maschke
ISBN: 978-3-7386-0609-6

Kapitel	Quelle
1.1	Wikipedia http://de.wikipedia.org/wiki/Verein
1.2	http://de.wikipedia.org/wiki/Vereinsregister
1.3	http://de.wikipedia.org/wiki/Vereinsrecht_(Deutschland)
1.4	http://www.vereinsknowhow.de/kurzinfos/leitfaden.htm
1.5	http://vereinsknowhow.meinverein.de/vereinsorganisation.cfm
1.6	http://www.vdi.de/
1.7	http://www.hoppenstedt.de/
3.1	http://www.informatik.uni-rostock.de/swt_lehre/swt_lehrangebot/swt_vorlesungen/swt_vl_swt/swt_pflichtenheft/schema1/

Die Daten für die Betriebskostenübersicht hat Soliant Consulting zusammengestellt und aufbereitet. Das US-Unternehmen entwickelt Datenbanklösungen, mit denen Firmen ihre Geschäftsprozesse digital abbilden und optimieren. SoliantConsult1 verwendet dafür hauptsächlich RAD-Entwicklungsumgebungen und hat sich dabei auf die Produkte Adobe-Flex", FileMaker Pro, Web/PHP und Salesforcecom spezialisiert. Der Autor Frank J. Ohlhorst ist ein preisgekrönter Journalist, Redner und IT-Berater mit mehr als 25 Jahren Berufserfahrung in der Technologiebranche. Er schreibt für renommierte Verlage wie ComputerWorld, TechTarget, PCWorld, ExtremeTech, eWeek, CRN und Toms Hardware. Darüber hinaus veröffentlicht Ohlhorst Artikel in anerkannten Fachmedien wie Entrepreneur und BNET, ist Koautor mehrerer Fachbücher und erstellt Whitepapers, Anwenderberichte, Rezensionen und Vertriebsleitfäden für führende Technologieanbieter.

INC. ODER FILEMAKER-NIEDERLASSUNGEN, -MITARBEITER UND -BERATER SIND IN KEINEM FALL VERANTWORTLICH ODER HAFTBAR FÜR SCHÄDEN, DIE DIREKT, INDIREKT, ZUFÄLLIG, VERSEHENTLICH ODER ALS FOLGE ANDERER AKTIONEN ZU UMSATZEINBUSSEN ODER SONSTIGEN FINANZIELLEN VERLUSTEN, SCHADENERSATZ- ODER ANDEREN ZAHLUNGEN FÜHREN; DAS GILT AUCH DANN, WENN FILEMAKER INC. UND FILEMAKER-NIEDERLASSUNGEN, -MITARBEITER UND -BERATER AUF DIE MÖGLICHKEITEN SOLCHER SCHÄDEN HINGEWIESEN WURDEN. IN EINIGEN STAATEN IST DER AUSSCHLUSS ODER DIE EINGRENZUNG DER HAFTBARKEIT LAUT GESETZ NICHT MÖGLICH. BITTE BEACHTEN SIE: FILEMAKER BEHÄLT SICH DAS RECHT VOR, DIE INHALTE DIESES DOKUMENTS JEDERZEIT UND OHNE VORHERIGE ANKÜNDIGUNG ZU ÄNDERN. DIE IN DIESEM DOKUMENT VERWENDETEN DATEN UND FAKTEN KÖNNEN NACH DEM ZEITPUNKT DER DOKUMENTERSTELLUNG VERALTET SEIN - FILEMAKER WIRD DIESE INFORMATIONEN NICHT AKTUALISIEREN.